蓝藻水华对湖泊细菌群落结构的影响

李化炳　著

科学出版社
北　京

内 容 简 介

细菌是经典食物网与微食物网的连接者，在水生生态系统物质循环中具有极其重要的地位。在蓝藻水华占优势的湖泊生态系统中，大量的物质和能量由蓝藻合成后被细菌分解、利用。蓝藻水华的暴发势必对湖泊细菌的群落结构组成产生影响。然而，有关该方面的研究极其缺乏。本书借助多种微生物生态学技术，通过野外调查和原位围隔实验相结合，探讨不同环境（有氧、缺氧、厌氧）、不同微囊藻生物量下细菌群落结构的变化及其恢复情况，以期了解细菌群落结构对蓝藻水华的响应及其机制，为阐明蓝藻水华稳定态系统维持机制提供理论基础。

本书可供浮游植物生态学、环境微生物生态学、水生生物学等研究领域的研究人员和高等院校师生参考、阅读。

图书在版编目（CIP）数据

蓝藻水华对湖泊细菌群落结构的影响/李化炳著. —北京：科学出版社，2018.9

ISBN 978-7-03-058614-8

Ⅰ. ①蓝…　Ⅱ. ①李…　Ⅲ. ①蓝藻纲-藻类水华-影响-湖泊-细菌-群落生态学　Ⅳ. ①Q949.22②Q939.108

中国版本图书馆 CIP 数据核字（2018）第 199370 号

责任编辑：周　丹　沈　旭/责任校对：彭　涛

责任印制：张克忠/封面设计：许　瑞

科学出版社 出版

北京东黄城根北街16号

邮政编码：100717

http://www.sciencep.com

北京画中画印刷有限公司 印刷

科学出版社发行　各地新华书店经销

*

2018 年 9 月第　一　版　　开本：720 × 1000　1/16

2018 年 9 月第一次印刷　　印张：7 1/2

字数：151 000

定价：99.00 元

（如有印装质量问题，我社负责调换）

前　言

近年来，由于湖泊富营养化所导致的蓝藻（尤其是微囊藻）水华频繁发生，蓝藻水华引起的生态灾害机制急需阐明。细菌（尤其是异养细菌）连接着经典食物网与微食物网，在水生生态系统生物地球化学循环中具有极其重要的地位。在蓝藻水华占优势的湖泊生态系统中，大量的物质和能量由蓝藻合成后被细菌分解、利用。了解细菌群落结构对蓝藻水华的响应及其机制，对于阐明蓝藻水华稳定态系统维持机制和揭示湖泊生物群落结构灾变具有重要意义。然而，有关该方面的研究严重匮乏。

为此，本书在回顾蓝藻水华引发的生态灾害、蓝藻水华与湖泊细菌的关系以及分子生物学技术在湖泊细菌群落结构组成研究中的应用的基础上，借助细菌计数、T-RFLP、PCR-DGGE 和 16S rDNA 克隆文库技术，探讨了细菌群落结构对微囊藻水华的响应及其恢复情况，并以太湖易发生蓝藻水华尤其是微囊藻水华的北部湖区——梅梁湾为研究对象，进行每月一次、为期一周年的监测，深入探讨自然水体中细菌群落结构的变化与水体理化环境因子以及浮游藻类生物量的变化关系；设置不同规格的原位围隔、模拟不同生物量的蓝藻水华，对水华堆积消退过程中细菌群落结构的变化及恢复情况进行监测；跟踪监测太湖藻源性湖泛发生过程中细菌的群落结构变化，探讨浅水湖泊发生湖泛时细菌群落结构变化与水华微囊藻生物质的分解吸收以及水体嗅味物质的释放之间可能存在的关系。

本书基于我在中国科学院南京地理与湖泊研究所攻读博士及工作期间的研究成果整理而成。感谢吴庆龙研究员在研究的选题立题、实验设计到具体实验、结果分析中的悉心指导，本书的出版离不开他的鼓励和支持。感谢研究所邢鹏研究员在野外采样、室内分析、数据处理中给予的帮助。感谢研究所刘正文研究员、李宽意研究员、陈非洲研究员、关保华老师、曾巾老师、汤祥明老师在实验过程中给予的良好建议和帮助。感谢边园琦、向燕、范献方、王娜、田伟、刘庆、任丽娟、何聃、赵璧影等在实验以及写作工程中给予的大力帮助。在研究进行过程中，我有幸参加了吴庆龙研究员主持的国家重点基础研究发展计划（973 计划）、国家自然科学基金面上项目、中国科学院知识创新工程重要方向项目以及江苏省自然科学基金创新者攀登项目，上述项目为本书相关研究提供了资金支持。最后衷心感谢科学出版社周丹编辑在书稿出版、校对过程中付出辛勤的劳动。由于分子生物学技术发展迅速的特性，本书相关研究仍然有诸多需要深化的地方，尤其是细菌功能对蓝藻水华的响应研究需要运用微生物基因组学、转录组学、蛋白组学等新的分子生物学技术不断深入探索。此外，由于我的学识、水平、时间有限，书中难免存在一些不当甚至错漏之处，恳请广大读者不吝赐教。

李化炳

2018 年春于南京九华山麓

目　　录

第 1 章　绪　　论

湖泊富营养化是指湖泊水体中由于营养盐的增加而导致藻类和水生植物生产力（或者是光合作用速率）的增加、水质下降等一系列的变化，从而使水的可利用性受到影响的现象（OECD, 1982）。

近几十年来，随着人口的增加、工农业的发展，大量生产、生活废水进入江河，使得我国湖泊富营养化问题日趋严重。根据杨桂山等（2010）在 2007～2010 年对我国东部平原湖区、东北平原与山地湖区和云贵高原湖区 138 个面积大于 $10km^2$ 湖泊水质的调查显示，138 个湖泊中有 85.4%的湖泊超过了富营养化标准，其中达到重富营养化标准的占 40.1%。而湖泊富营养化的重要表征就是蓝藻的过度繁殖引起水华。

蓝藻水华暴发将引起一系列的环境和健康问题。首先，蓝藻水华可引起水体缺氧，使鱼类等水生生物大量死亡，严重时可引发“湖泛”，导致整个系统生态功能和渔业及旅游业等服务价值的丧失。其次，藻类堆积后腐烂分解还可导致局部水域水质的严重恶化，危及供水安全。例如，1990 年太湖梅梁湾暴发的蓝藻水华导致无锡市 112 家工厂停产，居民饮用水供应困难；2007 年 5 月底，因蓝藻水华暴发导致无锡市主要自来水厂停产，严重干扰区域的生产和生活，影响社会稳定，引起国内外的极大关注，对生态文明与和谐社会建设产生重大不利影响。再次，蓝藻水华对人类健康具有潜在的危险，许多蓝藻与多种细菌菌群有密切联系（Maruyama et al., 2003; Grossart et al., 2005, 2006），这些细菌中不乏某些病原微生物，例如嗜肺军团杆菌（*Legionella pneumophila*）（Tison et al., 1980）、霍乱弧菌（*Vibrio cholerae*）（Ferdous, 2009）。另外，蓝藻水华还会造成水体的“二次污染”，如蓝藻在生长和衰亡过程中分泌的异味化合物或毒素等可严重影响饮用水及水产品的品质，造成严重的经济损失，还会引起水生和一些陆生动物中毒，并可能危及人类健康。可见，蓝藻水华在湖泊中的频繁暴发已经成为一种“灾害”。不幸的是，由富营养化所致的蓝藻水华在各地频繁暴发，其中以长江流域的太湖、巢湖和滇池等湖泊最为突出。由此引起的一系列问题，引起了世人的普遍关注。然而，目前针对蓝藻水华的研究主要聚焦于其发生机理，而对其产生灾害的机理尚不清楚。

1.1 问题的提出

湖泊细菌是指水体中营浮游和附着生活的原核生物类群，主要包括自养和异养细菌及古细菌，其中异养细菌是微食物网（microbial food loop）的主要组成者（Azam et al., 1983）。细菌个体虽然微小，但它们在水生生态系统生物地球化学循环以及生态系统的健康和维持等过程中发挥着不可替代的作用（Cotner and Biddanda, 2002; Wu et al., 2007a）。细菌既是消费者，又是生产者。作为消费者，细菌可以分解和利用水生生态系统中的有机物获得能量，维持系统的物质循环；作为生产者，它们能够利用真核藻类所无法吸收的可溶性有机质，将之转化为颗粒有机物进行“二次生产”，被微型食植动物（主要是原生动物中的鞭毛虫和纤毛虫）所摄取（Azam et al., 1983; Cole et al., 1988; Toolan et al., 1991）。水体中细菌的生存及生命活动决定着其中食物链基本环节的发展，其群落结构和功能的改变将影响水生生态系统的物质循环和能量流动。在蓝藻水华占优势的湖泊生态系统中，大量的物质和能量由蓝藻合成后被细菌（主要为异养细菌）分解、利用，了解细菌群落结构对蓝藻水华的响应及其机制是阐明蓝藻水华稳定态系统维持机制和揭示湖泊细菌群落结构灾变的关键基础。

影响细菌群落组成的环境因子多种多样，主要可分为非生物因子和生物因子。

在水生生态系统中，非生物因子单独或多个因子联合作用于细菌，这些因子包括：①水温（Yannarell and Triplett, 2004; Lindström et al., 2005）；②pH（Lindström et al., 2005; Schauer et al., 2005; Yannarell and Triplett, 2005; Wever et al., 2005; Newton et al., 2006, 2007; Taipale et al., 2009; Schauer and Hahn, 2005）；③溶解氧（DO）（Allgaier and Grossart, 2006a）；④溶解性有机碳（DOC）（Eiler and Bertilsson., 2004, 2007; Eiler et al., 2003; Pinhassi and Berman, 2003; Kolmonen et al., 2004; Zeder et al. 2009; Hutalle-Schmelzer and Grossart, 2009; Hutalle-Schmelzer et al., 2010; Jezberová et al., 2010）；⑤营养水平（Schauer et al., 2005; Lindström, 2000; Yannarell and Triplert, 2004; Kritzberg et al., 2006; Allgaier and Grossart, 2006b; Eiler and Bertilsson, 2004; Haukka et al., 2006; Kolmonen et al., 2004）；⑥盐度（Wu et al., 2006）；⑦地理区域差异（Yannarell and Triplett, 2005）；⑧原位紫外线强度（Warnecke et al., 2005）；⑨水体滞留时间（water retention time）（Lindström et al., 2005, 2006）；⑩沉积物再悬浮（Wu et al., 2007a）。

生物因子包括：①原生动物（鞭毛虫、纤毛虫）（Güde, 1979; Jürgens et al., 1994; Hahn et al., 1999; Jürgens and Stolpe, 1995; Šimek et al., 2001a, 2001b, 2005; Pernthaler et al., 2004; Wu et al., 2004; Comte et al., 2006; Grossart et al., 2008）；②浮游植物（Eiler and Bertilsson, 2004; Sala et al., 2005; Eiler and Bertilsson, 2007; Salcher et al., 2010; Zeder et al., 2009; 邢鹏等, 2007）；③浮游动物（Bonecker and Aoyagui, 2005; Sanders and Wickham, 1993; Jürgens et al., 1994）；④病毒（Thingstad and Lignell, 1997; Fuhrman, 1999; Fuhrman and Schwalbach, 2003）；⑤大型沉水植物（Wu et al., 2007b）。

藻类水华与湖泊细菌群落结构具有密切的关系。Eiler 和 Bertilsson（2004）在对瑞典四个湖泊蓝藻水华暴发期间湖泊微生物群落结构组成的研究中发现，即使湖泊水体理化因子相似，细菌的群落结构也因水华藻类的不同而异，暗示蓝藻水华与细菌间具有一定的种特异性关系。在对太湖的研究中，研究者们发现蓝藻水华发生过程中，水体中细菌的群落结构和数量均发生着剧烈地变化，表明它们与蓝藻水华之间具有密切的关系（Wu et al., 2007b; 邢鹏等, 2007）。Eiler 和 Bertilsson（2007）发现在富营养化湖泊蓝藻暴发时黄杆菌门（Flavobacteria）的群落结构组成及其在浮游细菌中的相对含量均发生了变化。类似地，Salcher 等（2010）发现放线菌门（Actinobacteria）的相对含量在硅藻（*Asterionella formosa*）水华暴发时急剧增大。可见，关于蓝藻水华对水体细菌的影响研究主要集中于蓝藻水华暴发期间的菌-藻关系，目前还无法解释蓝藻水华胁迫下细菌群落结构灾变的关键过程与机理。

蓝藻水华可能通过以下途径影响细菌群落结构组成：①大量藻体聚集形成群体，造成水体光照、透明度下降，藻体的生长代谢引起水体溶解氧、pH 及氧化还原电位的变化（de Figueiredo et al., 2006; Mozelaar and Stal, 1994）；②水华过程中，藻体通过光合作用合成以及藻体分解产生大量不同粒径和浓度的颗粒状、胶状及溶解性有机物（Alldredge et al., 1993）；③聚集藻体为细菌提供附生环境以避免其被捕食，并增强细菌吸收营养物质的能力（Worm and Søndergaard, 1998）；④藻类产生的生物毒素对某些细菌的生存造成抑制（Ferreira et al., 2001）。

1.2 分子生物学技术在湖泊细菌群落结构组成研究中的应用

早期的环境微生物多样性研究主要是依靠传统的微生物培养技术，进行富集培养和分离纯化等方面的工作。然而，由于培养条件与自然条件的差异，实际上培养所得到的只是自然环境中的少部分菌种：可培养的细菌约占细菌总数的0.1%，淡水约占0.25%，土壤约占0.3%，活性污泥占1%～15%（Amann et al., 1995）。而且培养基中营养物质的浓度往往远高于其自然状况的浓度，其结果是在新的选择压力下适应富营养条件的菌种快速增值成为优势种，自然条件下的优势种往往被取代，细菌群落结构发生变化，这种方法无法比较真实地提供环境微生物多样性的信息。自20世纪80年代以来，随着分子生物学技术的迅速发展，分子生物学技术开始被广泛应用于微生物群落结构分析，使微生物生态学理论更加接近其自然本质。

1.2.1　克隆文库分析法（clone library profiling）

通过构建群落样品总基因组 DNA 的文库，分析文库中标记序列的类型和出现频率，可以得到微生物群落组成的分析数据。在 probeBase（http://www.microbial-ecology.de/Probebase/）（Loy et al., 2007）、RDP Ⅱ（Ribosomal Database Project Ⅱ, http://rdp.cme.msu.edu/html/）（Cole et al., 2003, 2005）、European Molecular Biology Laboratory（EMBL, http://www-ebi.ac.uk/embl）、National Center for Biotechnology Information（NCBI, http://www.ncbinlm.nih.gov/）、DNA Data Bank of Japan（DDBJ, http://www.ddbj.nig.ac.jp/）等数据库中已经登录了大量来自不同生物的核酸序列。从样本中提取总 DNA，选择合适的目的基因（例如 16S rDNA）进行 PCR 扩增，建立基因数据库，通过网上序列比对分析 16S rDNA 片段系统发育关系，对微生物进行分类鉴定。虽然构建克隆文库工作量大、成本高，但是，如果分析的克隆数目足够多，可以比较完整地了解微生物群落的基本构成特征。该方法适合于对微生物群落组成进行“人口普查式”的研究，但不适合对微生物群落结构变化进行动态跟踪研究。结合遗传指纹图谱技术（genetic fingerprinting）则可以弥补该技术的不足。

1.2.2　遗传指纹图谱技术（genetic fingerprinting）

目前用于微生物群落结构分析的指纹图谱技术很多，比较常用的有针对细菌16S rDNA 序列高变区的变性梯度/温度梯度凝胶电泳（denatured gradient gel electrophoresis/temperature gradient gel electrophoresis, DGGE/TGGE）（Muyzer et al., 1993）、限制性酶切片段多态性分析（restriction fragment length polymorphism, RFLP）、末端限制性酶切片段长度多态性分析（terminal restriction fragment length polymorphism，T-RFLP）（Liu et al., 1997）、随机引物扩增多态性分析（random amplified polymorphic DNA，RAPD）和单链构象多态性分析（single strand conformation polymorphism，SSCP）（Stach et al., 2001）等，其中DGGE和T-RFLP使用的最为普遍。

DGGE的原理是用相同的引物对不同样本DNA段进行PCR扩增所得的产物虽然长度相似，但它们的GC含量及序列信息却不尽相同，因此它们的解链条件就有所差异。双链DNA的解链与否以及解链程度严重影响其在聚丙烯酰胺凝胶中的电泳速率。当双链DNA分子在含梯度变性剂（尿素、甲酰胺）的聚丙烯酰胺凝胶中进行电泳时，其在凝胶上的位置就会因遗传信息的不同而异，形成相互分开的图谱。理论上，只要选择的电泳条件如变性剂梯度、电泳时间、电压等足够精细，有一个碱基差异的DNA片段都可被分开。用DGGE进行微生物生态学研究时，为了使目的序列能够完全解链，在PCR扩增目的片段时，可以在某一引物的5′端人为加一段约30～50个碱基的GC序列，称之为GC夹（GC-clamp）。当加了GC夹后，DNA片段在电泳过程中完全解链，DNA片段中基本上每个碱基上的序列差异都能被区分开来（Myers et al., 1985）。由于DGGE法不依赖限制性酶切，从而能够保证目标DNA的完整性，分离所得的目标DNA片段经纯化后可直接用来测序。目前，该技术是环境微生物学中被普遍接受的研究方法之一。然而，DNA的染色技术灵敏性相对较低，造成DGGE法的灵敏度较低。与可以使用内标法的末端限制性酶切片段长度多态性分析（T-RFLP）相比，DGGE的另一个缺陷是没有合适的分子量标准物，使得不同批次电泳的样品之间难以进行比较。

末端限制性酶切片段长度多态性分析（T-RFLP）是最近几年发展起来的一种微生物分析方法，正被越来越多的微生物工作者所采用。T-RFLP技术以分子系统学原理为基础，综合运用了PCR、限制性酶切、荧光标记和DNA序列分析等技术，通过对特定核酸片段长度多态性的测定来分析微生物群落的结构和功能。该方法的主要原理是以提取的样品DNA为模板，利用带有荧光标记的适宜引物对目的片段进行PCR扩增，得到一端带有荧光标记的PCR产物，再经限制性内切酶消化。由于核酸序列的差异，不同细菌片段的酶切位点不同，酶切后得到不同长度的限制性片段。其中，末端带有荧光标记的片段（T-RFs）经电泳分离，荧光检测后，通过分析揭示样品种类、数量和种群大小等信息，从而解析样品群落结构、功能及动态变化。相对于DGGE/TGGE、SSCP或RAPD等方法，该方法具有更强的分析能力、分辨率高、重复性好等优点。此外，结合克隆建库测序分析，可以详细了解各T-RFs的分类地位，进一步了解各样品的细菌群落结构组成。

在普通 PCR 基础上，反转录 PCR（reverse transcription PCR, RT-PCR）也被用于环境样品的分析。RT-PCR 利用反转录酶，将样品中的 mRNA 反转录为 DNA，然后利用 DNA 分析方法进行研究，可以检测环境样品中活体微生物生存状况和活性。

稳定同位素技术（stable isotope probe technique, SIP）的引入，使得微生物工作者能够更好地了解细菌群落结构与其功能的联系（Lu and Conrad, 2005; Lu et al., 2006）。其主要原理是首先向受试环境供应稳定同位素（例如 ^{13}C）标记的底物，然后从环境样品中提取核酸，提取的核酸通过超高速密度梯度离心分成标记（例如 ^{13}C）的重核酸和非标记的轻核酸 2 个组分，针对获得的重核酸和轻核酸进行基因指纹分析，确定“活跃”微生物种群（含重核酸种群）的系统分类地位，从而进行分类和功能上的分析。然而，该技术的灵敏度有待进一步改进。

1.2.3　分子杂交技术（molecular hybridization techniques）

分子杂交技术包括膜杂交和原位杂交方法等。其原理是根据已知微生物不同分类级别上群落特异的 DNA 序列，以末端带有荧光标记的特异寡聚 DNA 或 RNA 探针，与环境基因组中 DNA 分子杂交，检测该特异微生物群落的存在与丰度（Glöckner et al., 1999）。与前面所介绍的其他方法相比，该技术的特点是不需要对目标基因进行 PCR 扩增，因此可以避免 PCR 过程中产生的误差。但是，使用分子杂交技术的前提是要有已知种类的标记序列作为探针，对于大量潜在的未知种类，分子杂交方法则无法研究。

1.3　研究思路、技术路线和章节安排

1.3.1　研究思路

本书借助细菌计数、T-RFLP、DGGE 和 16S rDNA 克隆文库技术，结合野外调查和原位围隔模拟实验，通过比较不同环境、不同微囊藻水华生物量下湖泊细菌群落结构的变化，以期了解水华微囊藻驱动下的湖泊细菌群落结构的灾变及其机制，主要包括以下 3 个方面的内容：①通过对梅梁湾的野外周年监测，进一步分析蓝藻水华暴发过程中浮游细菌群落结构的变化及其与主要环境因子间的关系；②通过设置野外原位围隔实验，研究不同围隔规格、不同微囊藻生物量、不同堆积时间下，细菌群落结构的变化及其与主要环境因子间的关系；③通过野外监测分析藻源性“湖泛”发生过程中细菌群落结构的变化及其与主要环境因子间

的关系。

1.3.2 研究技术路线

本书围绕蓝藻水华驱动下的湖泊细菌群落结构的变化及其机理为中心，结合传统方法和现代分子生物学方法，首先探讨了自然水体（梅梁湾）有氧状况下、蓝藻暴发期间浮游细菌群落结构的变化；其次研究了缺氧状况下、不同存量的水华微囊藻生物量在不同时间尺度下对细菌群落结构的影响；最后探讨了厌氧状况下高存量的水华微囊藻生物量对细菌群落结构的影响（详细见图1-1）。

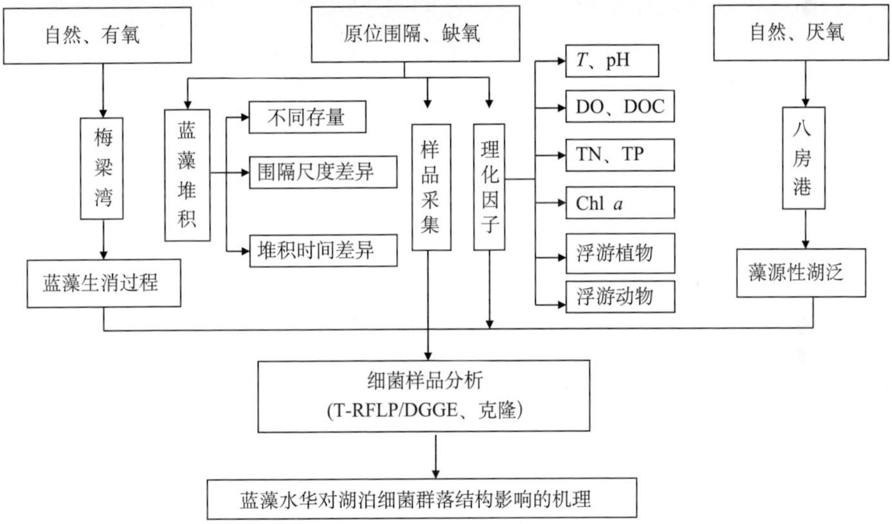

图1-1　采取的研究技术路线图

*T*为水体温度（temperature）；DO为溶解氧（dissolved oxygen）；DOC为溶解性有机碳（dissolved organic carbon）；TN为总氮（total nitrogen）；TP为总磷（total phosphorous）；Chl *a* 为叶绿素 *a*（chlorophyll *a*）

1.3.3 章节安排

按照以上研究思路以及技术路线，除绪论外，本书共分4章。

第2章，梅梁湾蓝藻水华暴发过程中浮游细菌群落结构多样性的研究。运用T-RFLP（末端限制性酶切片段长度多态性分析）技术，结合多样统计分析研究频繁发生蓝藻水华的湖区——梅梁湾内不同采样点浮游细菌群落与环境因子动态变化的相关性，了解蓝藻水华暴发过程中影响浮游细菌群落结构变化的关键环境因子。

第3章，微囊藻水华堆积、分解过程中湖泊细菌群落结构多样性的实验研究。

采用原位围隔实验系统模拟了微囊藻堆积、分解的过程，结合细菌计数、T-RFLP（末端限制性酶切片段长度多态性分析）和 16S rDNA 克隆文库技术监测了该过程中湖泊微生物群落结构的变化。

第 4 章，微囊藻水华干扰后浮游细菌群落结构的恢复性研究。设置了接近于自然水体的原位、无底大围隔（50m×180m）实验，结合 PCR-DGGE（变性梯度凝胶电泳）和 16S rDNA 克隆文库技术监测了微囊藻水华堆积、分解、消退过程中的浮游细菌群落的变化。

第 5 章，藻源性湖泛发生过程中细菌群落结构组成研究。针对 2009 年 6 月发生于太湖无锡宜兴近岸水域——八房港的黑水团区，通过现场水质监测、水样采集和室内 T-RFLP、16S rDNA 克隆文库等分析，以期揭示出细菌群落结构组成在该极端条件下的动态变化，为探明藻源性湖泛的形成机制及其对水体生态系统的影响提供理论依据。

第 2 章　梅梁湾蓝藻水华暴发过程中浮游细菌群落结构多样性的研究

近年来，湖泊富营养化所导致的蓝藻水华频繁暴发，蓝藻水华引发的一系列环境问题备受关注（如 Lehman, 2007; Paerl et al., 2001）。然而目前众多的研究主要聚焦于蓝藻水华的发生机理，而关于蓝藻水华发生过程中湖泊生态系统种群结构组成变化的研究较少，对蓝藻水华发生后产生生态灾害的机制并不清楚。

2.1　蓝藻水华的暴发对细菌群落结构组成存在潜在影响

浮游细菌（尤其异养细菌）是湖泊生态系统中的主要分解者，在地球生物化学循环和能量流动中起着重要作用（Azam et al., 1983）。因此，在蓝藻水华暴发期间首先受到影响的将是浮游细菌，了解蓝藻水华暴发过程中浮游细菌群落的动态演替不仅是阐明蓝藻水华发生后产生生态灾害的关键所在，而且也是了解富营养化湖泊生态系统物质代谢过程的基础。蓝藻水华可能通过以下途径影响细菌群落结构组成：①大量藻体聚集形成群体，造成水体光照、透明度下降，藻体的生长代谢引起水体溶解氧、pH 及氧化还原电位的变化（de Figueiredo et al., 2006; Mozelaar and Stal, 1994）；②水华过程中藻体通过光合作用合成以及藻体分解产生大量不同粒径和浓度的颗粒状、胶状及溶解性有机物（Alldredge et al., 1993）；③聚集藻体为细菌提供附生环境以避免其被捕食，并增强细菌吸收营养物质的能力（Worm and Søndergaard, 1998）；④藻类产生的生物毒素对某些细菌的生存造成抑制（Ferreira et al., 2001）。

在对太湖湖心和梅梁湾的中心两个采样点的检测中，已有的研究表明水华发展过程中，水体中细菌的群落结构和数量均发生着剧烈的变化，表明它们与蓝藻水华之间具有密切的关系（Wu et al., 2007a; 邢鹏等, 2007）。然而，上述研究中，作者对不同湖区的浮游细菌总数及附着细菌（attached bacteria）数量或浮游细菌群落结构的季节变化规律进行了分析，未涉及不同环境条件下，同一湖区内不同采样点的浮游细菌群落结构组成的分析。本章的研究将运用 T-RFLP（末端限制性酶切片段长度多态性分析）技术，结合多样统计分析研究频繁发生蓝藻水华的湖区——梅梁湾内不同采样点浮游细菌群落与环境因子动态变化的相关性，进一步了解蓝藻水华暴发过程中影响浮游细菌群落结构变化的关键环境因子。

2.2 研 究 方 法

2.2.1 样品的采集和预处理

梅梁湾位于太湖北部，水面面积约 100 km^2，是目前太湖富营养化程度最为严重的区域之一，近年来蓝藻水华频繁发生。本章的研究沿梅梁湾横纵剖面上选取了 6 个采样点：S1，南泉水厂取水口外（31°24′22″ N，120°14′15″E）；S2，梅梁湾与大太湖交汇断面中点（31°24′40″ N，120°11′14″ E）；S3，直湖港和武进港入湖河口（31°30′14″ N，120°7′52″ E）；S4，鼋头渚附近（31°30′47″ N，120°11′26″ E）；S5，梅梁湾中心（31°28′35″ N，120°11′40″E）；S6，牵龙口水厂取水口外，（31°25′29″N，120°12′50″E）（图 2-1）。自 2009 年 1 月至 12 月，每月中旬采样一次。每次采样现场使用 YSI6600 多参数水质监测仪（YSI Inc., USA）测定围隔中水体温度（temperature, Temp）、pH、氧化还原电位（conductivity, Cond）、溶解氧（DO）和浊度（turbidity, Turb）。水样取自水面下 50 cm，每点连续采样 3 次，等体积混匀，装入预先灭菌的 500 mL 聚丙烯塑料桶中。另分别取 20mL、1L 混合样本分别加入甲醛（4%体积分数）、鲁戈氏液固定（1.5%）以用于浮游细菌、浮游藻类计数。样品均冷藏保存，2 h 内运回实验室做进一步的处理。

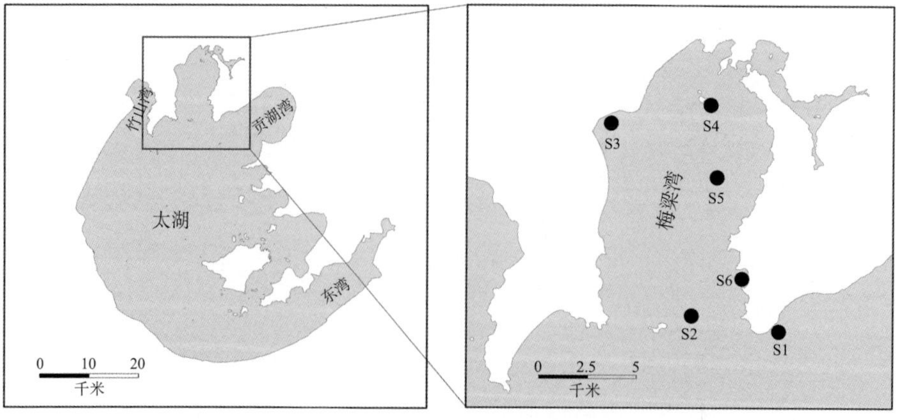

图 2-1　太湖梅梁湾采样点位置

2.2.2　样品的处理

水样送至实验室后部分用于化学分析，溶解性有机碳（DOC）、总氮（TN）、铵态氮（ammonium, NH^{+}_{4}-N）、硝态氮（nitrate, NO_3^--N）、亚硝态氮（nitrite, NO_2^--N）、总磷（TP）、正磷（ortho-phosphorus, PO_4^{3-}-P）和叶绿素 *a*（Chl *a*）浓度的测定参见标准方法（金相灿和屠清瑛, 1990）。

采用显微镜视野计数法计数样品中不同藻类的细胞数，并换算成样品中浮游藻类的丰度。浮游藻类的鉴定参照《中国淡水藻类》（胡鸿钧等, 1980）。

浮游细菌样本收集：100 mL 水样经孔径为 64 μm 的浮游生物滤网（25 号）过滤去除大型浮游动物及浮游藻类后，再用孔径为 5 μm 的滤膜过滤，除去浮游藻类及其他较大的颗粒，获得的滤液负压（＜20 mbar①）过滤在孔径为 0.2 μm 的聚碳酸酯膜（Durapore™ Millipore，USA）上（Zwart et al., 2002）以收集浮游细菌。在提取基因组 DNA 前，滤膜保存在–80℃超低温冰箱中。

2.2.3　细菌基因组 DNA 的提取

将聚集有细菌样品的聚碳酸酯膜在无菌操作台上剪半，一半留作备用，另一半用于 DNA 的提取。使用改进的酚-氯仿提取、乙醇沉淀法提取细菌基因组 DNA（Harder et al., 2003），具体步骤如下：

（1）将所得滤膜剪碎放入一灭菌的 2 mL Eppendorf 管中，加 1 mL DNA 提取缓冲液（0.75 mol/L 蔗糖，0.1 mol/L Tris-HCl，0.1 mol/L EDTA（ethylenediaminetetraacetic acid），pH 7.5）和 6 μL（100 mg/mL）的溶菌酶；

（2）轻轻混匀后，37℃ 温浴 30 min；

（3）加入 6 μL 蛋白酶 K（20 mg/mL）和 37℃预热的 60 μL SDS（sodium dodecyl sulfate）（10%）；

（4）37℃温浴 2 h，其间每隔 30 min 混匀一下；

（5）加入 60 μL CTAB（hexadecyl trimethyl ammonium bromide）（10%）、84 μL NaCl（5 mol/L）；

（6）轻轻混匀后，60℃下放置 30 min；

（7）加入等体积的酚∶氯仿∶异戊醇（25∶24∶1），轻轻混匀；

（8）12000 r/min 离心 10 min；

① 1 mbar=0.1 kPa。

（9）将上清液转移到新的 2 mL Eppendorf 管中；

（10）重复（7）～（9）；

（11）加入等体积的氯仿：异戊醇（24：1），重复（8）～（10）的操作；

（12）加入上清液 0.1 倍体积的醋酸钠（3 mol/L，pH 5.2）、0.7 倍体积的异丙醇混匀，于–20℃下过夜；

（13）4℃下 12000 r/min 离心 10 min；

（14）弃上清液，加入 1 mL 70%的乙醇漂洗；

（15）12000 r/min，4℃离心 10 min；

（16）弃上清液，风干管底小粒；

（17）加入 50 μL TE（Tris 和 EDTA 缓冲液：1 mol/L Tris-HCl Buffer+0.5 mol/L EDTA, pH=8.0），–20℃保存。

2.2.4　细菌群落结构的 T-RFLP 分析

1. 细菌基因组 DNA 的 PCR 扩增及其预处理

用细菌特异性引物 8f（5′ 端用 Cy5 荧光标记）和 926r（Liu et al., 1997，表 2-1），分别以 2009 年 2、4、6、8 和 10 月份各采样点样品的细菌基因组 DNA 进行 PCR 扩增。反应体系为 50 μL，包括：1 μL 引物 （10 pmol/L）、5 μL 的 10×PCR Buffer （无 Mg^{2+}，Takara）、3 μL 的 $MgCl_2$ （25 mmol/L，Takara）、4 μL 的 dNTPs（2.5 mmol/L，Takara）、0.5 μL 的 Taq DNA 聚合酶（5 U/μL，Takara）和 2 μL 的 DNA 模板，最后用灭菌去离子水补至 50μL。PCR 反应程序为 94℃预变 3 min，然后 30 个循环的 94℃变性 30 s、55℃退火 30 s、72℃延伸 1min，最后 72℃延伸 10 min。取 5 μL PCR 产物用 1%的琼脂糖凝胶电泳检测扩增结果。

表 2-1　本章研究所用的 PCR 引物序列

引物名称	序列（5′——3′）	特异性
8f	AGAGTTTGATCCTGGCTCAG	细菌
926r	CCGTCAATTCCTTTGAGTTT	细菌

用 PCR 产物纯化试剂盒（E.Z.N.A.™Cycle-Pure Kit，OmegaBio-Tek，Inc.）纯化上述 PCR 产物；然后用绿豆酶（Mung bean，Takara）消化纯化产物以去除 PCR 产物的单链突出端，从而移除 T-RFLP 分析中可能出现的假峰（pseudo-T-RFs）（Egert and Friedrich, 2003）。消化反应体系及条件见表 2-2。反应结束后，用 PCR 产物纯化试剂盒纯化消化产物。

表 2-2　绿豆酶酶切体系及反应条件

组分	体积/μL	反应条件
10×绿豆酶 buffer	3	30℃反应 30 min
绿豆酶	0.1	
纯化后的 PCR 产物	27	

2. 限制性内切酶酶切

用限制性内切酶 *Hha* I（Takara）酶解上述纯化后的消化产物以获得不同长度的 DNA 酶切片段（T-RFs）。酶切反应体系及条件见表 2-3。

表 2-3　*Hha* I 酶切体系及反应条件

组分	体积/μL	反应条件
10×*Hha* I buffer	1	37℃反应 2 h
Hha I	1	
纯化后的消化产物	5	
无菌去离子水	3	

3. T-RFs 分析

用 PCR 纯化试剂盒纯化 *Hha* I 酶切产物，然后用 CEQ™ 8000（Beckman Coulter，德国）遗传分析系统对酶切纯化后的产物进行 T-RFLP 分析。为减小系统误差，长度差别小于 1 bp 的 T-RFs 视为同一 T-RF；以相对峰面积作为各 T-RF 的丰度；峰面积小于 1%或长度小于 60bp 或大于 700bpd 的 T-RF 均不予统计；使用 treeflap 软件（http://www.wsc.monash.edu.au/～cwalsh/treeflap.xls）对输出数据进行片段分析。

4. 统计分析

应用 SPSS11.5 统计软件，以单因子方差分析法（One-way ANOVA）分别对各采样点间各环境因子的差异显著性进行统计学分析，用 SNK-q 检验法对有显著性差异的样本均数间进行多重比较。

使用 CANOCO 4.5 for Windows 软件（Microcomputer Power, ter Braak and Šmilauer, 2002），采用多变量统计分别分析环境因子与附着细菌、浮游细菌群落

组成变化的相关性。用于统计分析的环境因子有 Chl *a*、TP、TN、DOC、NH_4^+-N、NO_x^--N、PO_4^{3-}-P、DO、pH 和浮游藻类生物量。除 pH 外，所有环境因子均经过 log（*x*+1）转换（Muylaert et al., 2002）。将 T-RFLP 的结果处理为相对丰富度的矩阵。根据 DCA（detrended correspondence analysis）的结果显示，样品矩阵第一轴的长度大于 2，因此本章的研究假定物种与环境间具有非线性的相关关系，选择典范对应分析（canonical correspondence analysis, CCA）来计算环境因子与细菌群落组成变化的相关性。通过软件中的预筛选功能（forward selection）对群落组成影响显著的环境因子进行筛选。采用 499 次非限制性蒙特卡罗方法（Monte Carlo permutation test）对计算结果的显著性进行验证。

2.3 研究结果

2.3.1 理化指标的季节变化

2009 年全年梅梁湾 6 个采样点理化环境因子的平均值及变化范围见表 2-4。单因子方差分析法（One-way ANOVA）表明，除铵根（NH_4^+）、磷酸根（PO_4^{3-}）、总氮（TN）和总磷（TP）外，各位点的理化因子无显著性差异（表 2-4）：3 号点（S3）的铵根、磷酸根和总氮（TN）浓度均最高，而其余样点间无显著性差异（$P>0.05$）；3 号点、4 号点（S4）和 6 号点（S6）的总磷浓度较高，而 1 号点（S1）、2 号点（S2）和 5 号点（S5）较低。

2009 年 1 月至 12 月梅梁湾 6 个采样点理化环境因子的月平均值及变化趋势见图 2-2。各位点的水温变化趋势基本一致且具有明显的季节性规律，最低水温均出现在 1 月份，最高水温均出现在 8 月份（图 2-2（a））。6 个采样点都发现电导率在春季和冬季较高，而夏季及秋季较低；且 3 号点的电导率在各月均相对较高（图 2-2（b））。叶绿素 *a* 浓度与温度呈显著性正相关性（$r = 0.234, P<0.05$），最高浓度出现在 7 月份，最低浓度出现在 1 月、11 月和 12 月（图 2-2（c））。通过显微镜观察分析所得的浮游藻类生物量变化趋势与叶绿素 *a* 浓度变化基本一致，二者间存在极显著的正相关（$r = 0.596, P<0.01$）（图 2-2（d））。溶解氧浓度与温度呈负相关性（$r = -0.680, P<0.01$），而与浮游藻类生物量呈正相关性（$r = 0.402, P<0.01$），即温度越高溶解氧越低，浮游藻类生物量越低溶解氧越低，反之亦然；3 号点的溶解氧在各月均相对较低（图 2-2（e））。6 个采样点的溶解性有机碳（DOC）的浓度在 8 月份最低，在 6 月份最高（图 2-2（f））。各采样点 pH 每月均在 7.5 以上，偏碱性，且 7 月、8 月和 10 月较高，而其余月份间无显著性差异；

表 2-4　2009 年 1 月至 12 月太湖梅梁湾观测点理化因子的平均值和变化范围

环境因子	S1 平均值（范围）	S2 平均值（范围）	S3 平均值（范围）	S4 平均值（范围）	S5 平均值（范围）	S6 平均值（范围）
水温（Temp）/℃	17.4[a]*（2.3～31.0）	17.4[a]（2.2～31.1）	17.9[a]（3.1～31.0）	17.6[a]（2.7～31.9）	17.7[a]（2.6～31.7）	17.9[a]（2.6～32.6）
电导率（Cond）/（μS/cm）	499[a]（360～630）	490[a]（340～600）	585[a]（430～740）	535[a]（410～660）	516[a]（370～640）	530[a]（380～660）
pH	8.32[a]（7.60～9.53）	8.44[a]（7.90～9.49）	8.07[a]（7.57～8.92）	8.47[a]（8.06～9.46）	8.61[a]（8.13～9.72）	8.60[a]（7.57～9.79）
浊度（Turb）	46.6[a]（5.2～123.6）	51.2[a]（7.7～91.0）	42.8[a]（16.3～76.7）	38.1[a]（6.53～133.4）	33.6[a]（3.7～80.1）	42.2[a]（5.5～180.5）
溶解氧（DO）/（mg/L）	9.97[a]（6.98～12.69）	10.07[a]（6.68～12.72）	8.26[a]（4.05～12.68）	10.39[a]（7.30～13.05）	10.84[a]（6.92～13.92）	10.70[a]（6.87～14.63）
硝酸根（NO_3^-）/（mg/L）	0.15[a]（0.00～1.36）	0.18[a]（0.00～1.37）	0.42[a]（0.01～1.42）	0.23[a]（0.00～1.45）	0.23[a]（0.00～1.26）	0.21[a]（0.00～1.42）
亚硝酸根（NO_2^-）/（mg/L）	1.11[a]（0～6.33）	1.05[a]（0～6.00）	2.38[a]（0.01～8.83）	1.12[a]（0.03～5.45）	1.15[a]（0.01～7.00）	1.27[a]（0～7.02）
铵根（NH_4^+）/（mg/L）	0.13[a]（0.02～0.62）	0.09[a]（0.02～0.26）	1.01[b]（0.11～2.38）	0.27[a]（0.03～2.38）	0.19[a]（0.00～0.48）	0.20[a]（0.00～0.47）
磷酸根（PO_4^{3-}）/（μg /L）	14.71[a]（1.84～61.33）	10.81[a]（1.44～42.53）	35.60[b]（2.90～85.10）	16.42[a]（1.52～79.98）	9.36[a]（1.24～44.42）	9.92[a]（1.25～54.85）
总氮（TN）/（mg/L）	2.20[a]（1.03～3.50）	2.14[a]（1.07～3.39）	4.39[b]（1.36～8.02）	2.92[a]（1.19～5.30）	2.64[a]（1.20～4.66）	2.88[a]（1.04～5.04）
总磷（TP）/（μg/L）	82[a]（30～140）	94[a]（40～170）	197[b]（80～350）	146[ab]（60～340）	112[a]（40～220）	144[ab]（50～280）
叶绿素 *a*（Chl a）/（μg /L）	35.3[a]（5.0～132.0）	30.5[a]（6.0～101.6）	33.6[a]（5.6～88.8）	39.2[a]（8.8～85.4）	34.5[a]（8.6～50.2）	60.4[a]（8.5～195.2）
溶解性有机碳（DOC）/（mg/L）	17.58[a]（8.70～38.07）	19.79[a]（9.18～50.66）	17.83[a]（7.47～54.82）	18.70[a]7.39～37.98	20.66[a]（9.37～52.17）	24.75[a]（7.76～48.83）
浮游藻类生物量/（mg/L）	13.13[a]（2.36～35.60）	10.76[a]（2.15～25.02）	12.50[a]（1.14～21.53）	19.27[a]（4.12～34.48）	15.26[a]（3.34～28.03）	17.28[a]（3.94～48.08）

注：* 为多重比较（SNK-q 检验法）：具有相同字母表示同一行数据的组间无显著差异，a 和 b 表示数据由小到大

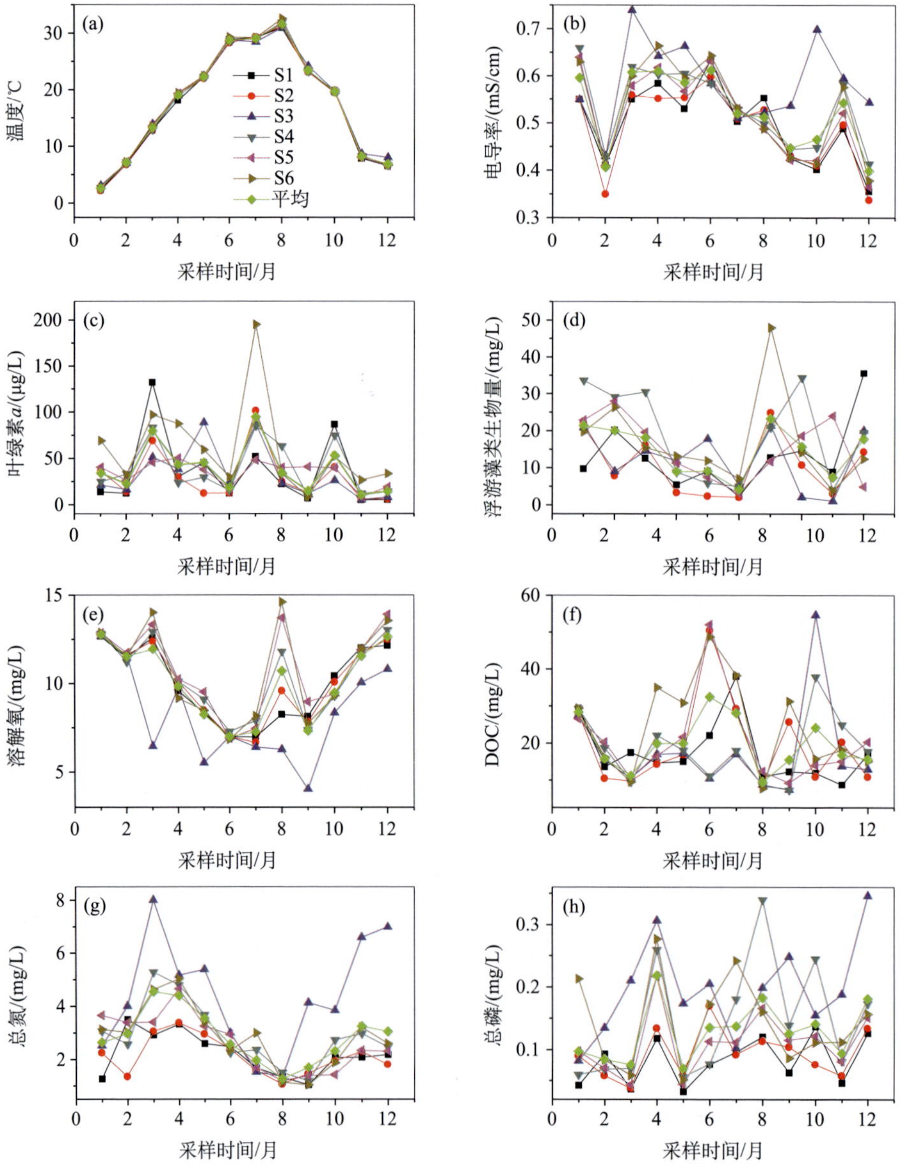

图 2-2　各采样点水温（a）、电导率（b）、叶绿素 *a*（c）、浮游藻类生物量（d）、溶解氧（e）、溶解性有机碳（DOC）（f）、总氮（g）和总磷（h）的季节性变化趋势

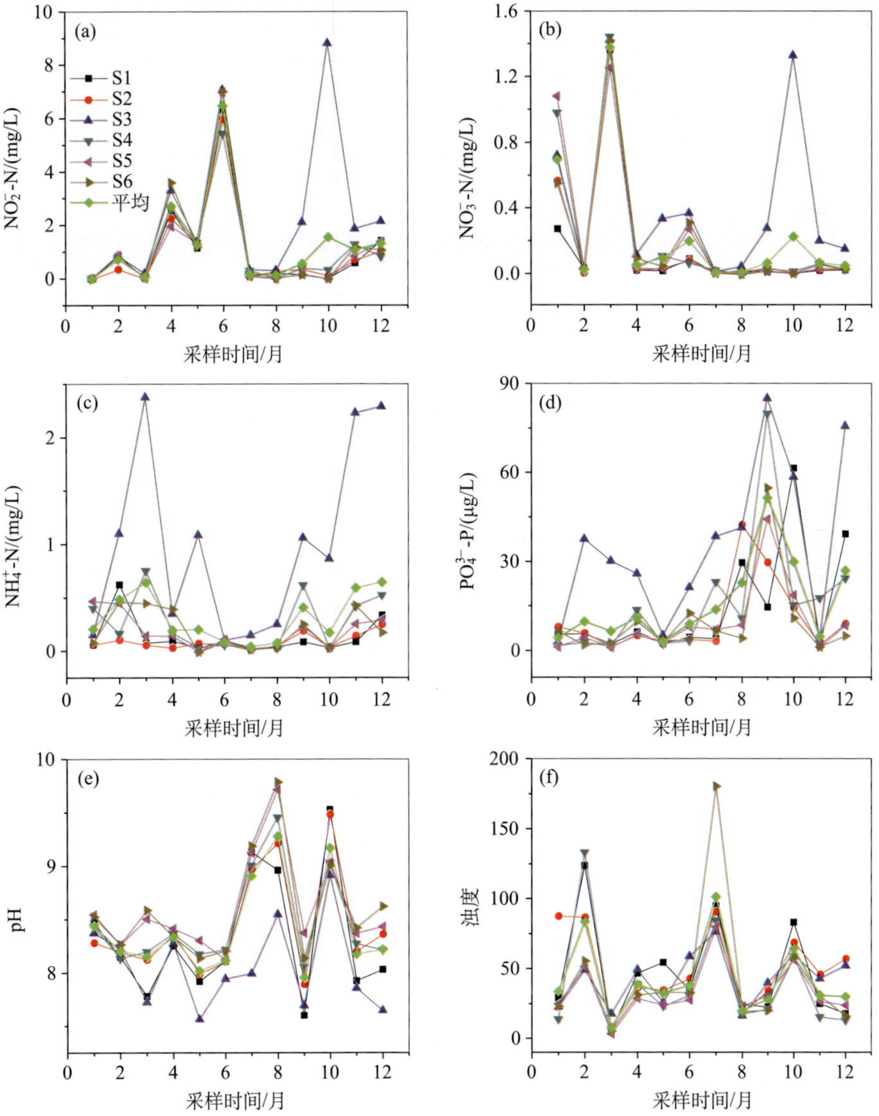

图 2-3　各采样点亚硝态氮（a）、硝态氮（b）、铵态氮（c）、正磷（d）、pH（e）和浊度（f）的季节性变化趋势

各点相对而言，各时刻 3 号点 pH 均较低，而 2 号点均较高（图 2-3（e））。水体浊度与叶绿素 *a* 浓度和浮游藻类生物量均存在极显著性正相关（*r* 分别为 0.304 和 0.383，*P* 均＜0.01）；水体浊度在 2 月和 7 月较高，而在其余月份较低（图 2-3（f））。类似地，硝态氮浓度与叶绿素 *a* 浓度和浮游藻类生物量也存在显著性正相关（*r* 分别为–0.246 和 0.374，*P* 均＜0.05），而后二者与亚硝态氮浓度均存在极显著性负相关（*r* 分别为 0.270 和 0.209，*P* 均＜0.01）；硝态氮浓度在 3 月份最高，1 月份次之，其余月份较低（图 2-3（b））；亚硝态氮浓度在 6 月份最高，在 1 月份最低（图 2-3（a））。总氮和铵态氮的浓度变化趋势基本一致，即在春季和冬季较高，而夏季及秋季较低；且 3 号点的总氮和铵态氮的浓度在各月均相对较高（图 2-2（g）和图 2-3（c））。总磷浓度在 3 月和 5 月较低，而在其余各月份均较高（图 2-2（h））。正磷浓度最高值出现在 9 月，最低值出现在 5 月（图 2-3（d））。

2.3.2　浮游藻类群落结构组成的季节性变化

通过显微观察分析表明，除个别样品外，蓝藻数量在各点浮游藻类总数量中均占绝对优势（图 2-4）。2 月份和 3 月份，蓝藻和硅藻数量在浮游藻类总数量中占优势，分别占 13.2%～89.6%和 6.5%～65.1%；3 号点，在 5 月份以硅藻和绿藻为优势种，9 月份以绿藻、硅藻和蓝藻为优势种；其余各月、各采样点蓝藻均占绝对优势，尤其是在 6、7、8 和 10 月的样品中很少发现除蓝藻以外的其他藻类。

从蓝藻门的优势种群来看，2 月份和 3 月份，微囊藻（*Microcystis* spp.）和席藻（*Phormidium* spp.）数量在蓝藻总数量中占优势；5 月份 1 号点蓝藻中主要为席藻；9 月份 3 号点蓝藻中主要为蓝纤维藻（*Dactylococcopsis* sp.）；其余各月、各采样点微囊藻均占优势（图 2-5）。

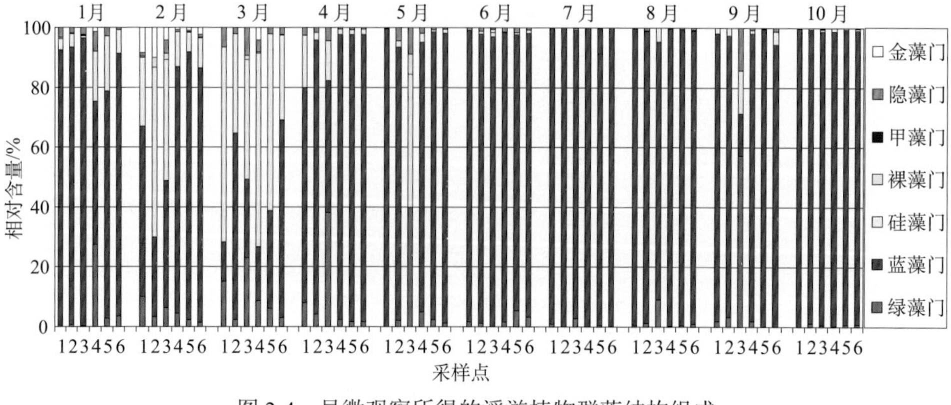

图 2-4　显微观察所得的浮游植物群落结构组成

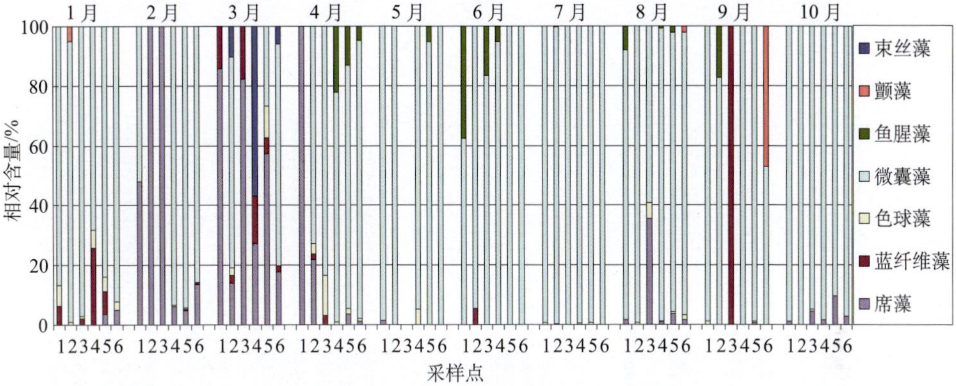

图 2-5　显微观察所得的蓝藻数量组成

2.3.3　T-RFLP 分析浮游细菌群落结构的变化

1. T-RFLP 分析的浮游细菌种群多样性指数季节变化

依据 T-RFLP 分析的 6 个采样点样品种群多样性指数如图 2-6，可见各采样点浮游细菌的 Shannon-Wiener 指数、Simpson 指数和 Pielou 指数的变化均具有显著的相关性，但变化规律不尽相同。随着 Shannon-Wiener 指数增加，Pielou 指数逐渐增大，而 Simpson 指数相应降低，表明随浮游细菌群落多样性的增加，群落均匀度增大，相应的优势度减小。S1 的 Simpson 指数最大值出现在 8 月份，其余各月均较低（图 2-6（a））。S2 和 S3 的 Simpson 指数均在 6 月份最大，8 月份最低（图 2-6（a））。S4 和 S6 的 Simpson 指数均在 10 月份最大，2 月份最低（图 2-6（a））。而 S5 的 Simpson 指数最大值出现在 2 月份，其余各月均较低（图 2-6（a））。而各点 Shannon-Wiener 指数和 Pielou 指数变化趋势与 Simpson 指数变化相反（图 2-6（a）和图 2-6（b））。

2. T-RFLP 分析的浮游细菌群落结构组成的季节变化

T-RFLP 分析表明，各采样点的浮游细菌群落结构均随时间的改变而变化，且在同一时间内各采样点间也存在差异（图 2-7）。S1 的浮游细菌在 2 月份时共发现 13 条相对含量大于 1%的 T-RFs，且长 166bp、168bp 和 200bp 的 T-RFs 含量较高（相对含量均大于 11.5%）；4 月份时，共发现 22 条相对含量大于 1%的 T-RFs，优势 T-RFs 长分别为 86bp、132bp 和 176bp（相对含量分别为 14.6%、9.5%和 8.7%）；6 月份时，在所发现的 23 条 T-RFs 中长 86bp 和 670bp 成为优势种群，其相对含

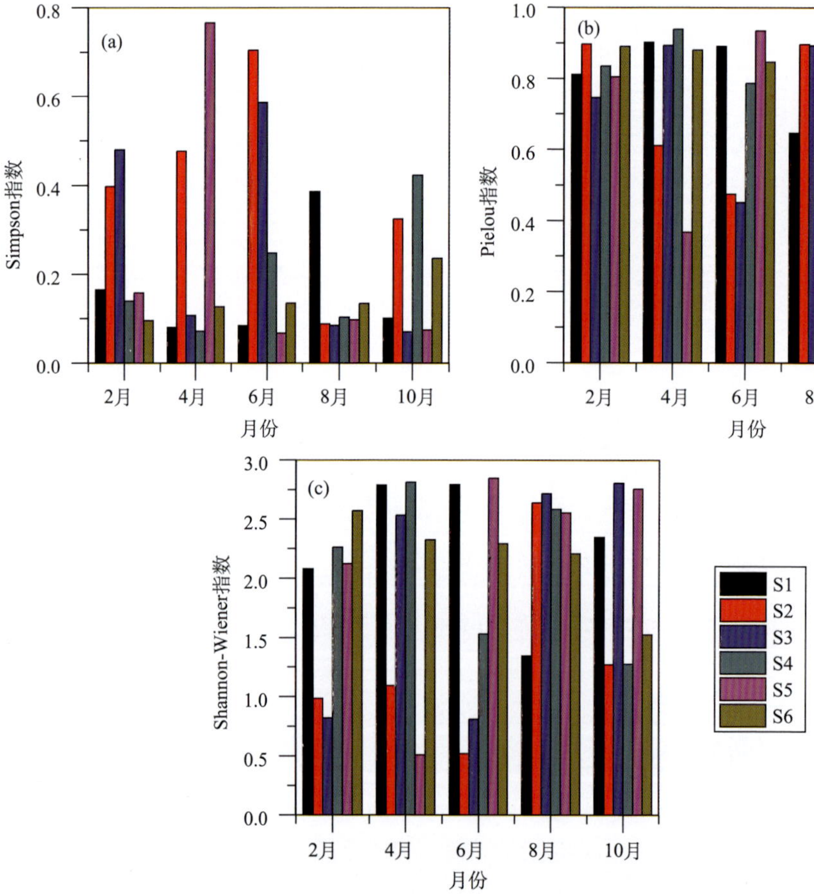

图 2-6　各采样点浮游细菌群落 Simpson 指数（a）、Pielou 指数（b）和 Shannon-Wiener 指数（c）随时间的变化

量分别为 12.9%和 17.2%；8 月份时，仅发现 8 条相对含量大于 1%的 T-RFs，且 262bp 的 T-RF 优势度最明显，相对含量达 58.6%；10 月份时，样品中大于 1%的 T-RFs 有 11 条，且 182bp T-RF 的相对含量由 2 月份的 7.3%增高到 16.3%，成为优势种。类似地，其余各采样点所检测到的相对含量大于 1%的 T-RFs 数量、优势 T-RFs 及相对含量均因时间的不同而异，表明浮游细菌群落结构组成发生着剧烈变化。

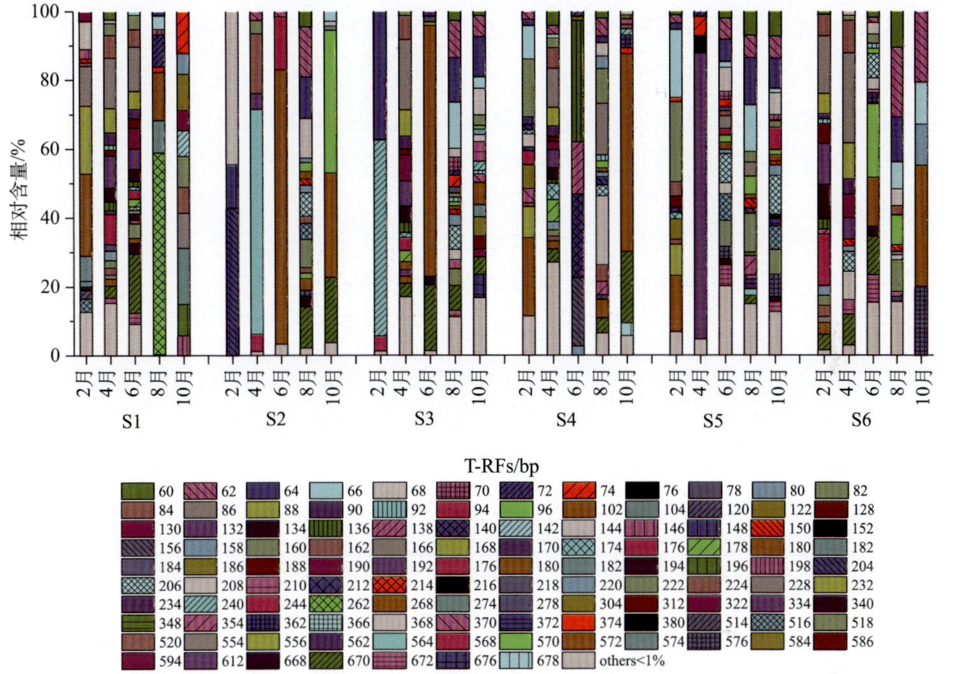

图 2-7　浮游细菌群落结构的变化

2.3.4　多元统计分析

1. 浮游细菌群落演替与环境因子的关系

根据 DCA（detrended correspondence analysis）的结果显示，样品矩阵第一轴和第二轴的长度均大于 2，因此本章的研究假定物种与环境间具有非线性的相关关系，选择典范对应分析（canonical correspondence analysis, CCA）来讨论环境因子与细菌群落组成变化的相关性。通过对环境因子的预筛选及 Monte Carlo permutation test 表明，所测环境因子中浮游藻类生物量、铵态氮、DO 和 TN 与浮游细菌群落结构变化显著相关（$P<0.05$），因此，进行只包含浮游藻类生物量、铵态氮、DO 和 TN 四个环境因子的 CCA 分析。CCA 结果（表 2-5）显示，前两轴的特征值较高，分别为 0.623 和 0.557，表明二者均重要。前两轴一共解释 12.3% 的浮游细菌属种数据变化，所有四个轴一共解释 20.0%；细菌种类与水体理化因子在前两个排序轴上的累计变化率达到 61.3%，在 4 个轴上累计变化率达到 100%，表明本章的研究选取的环境因子与太湖浮游细菌群落的动态变化具有很好的相关

性，前两个排序轴足以反映细菌同环境因子变化的相关趋势。铵态氮浓度和浮游藻类生物量与第一轴的相关性较高，分别为–0.6055 和–0.3714；总氮浓度和浮游藻类生物量与第二轴的相关性较高，分别为–0.2024 和 0.4812。图 2-8 是由 A1 和 A2 轴生成的二维图，同时标明了各样品及浮游藻类生物量、铵态氮、DO 和 TN 的变化趋势。

表 2-5　环境因子与浮游细菌群落 CCA 结果

轴	A1	A2	A3	A4	总变化率
特征值	0.623	0.557	0.448	0.229	9.609
物种环境相关性	0.945	0.863	0.865	0.816	—
累计百分比变化率					
物种数据	6.5	12.3	16.9	20.0	—
种-环境相关性	32.3	61.3	84.5	100.0	—
总典型特征值	—	—	—	—	1.926

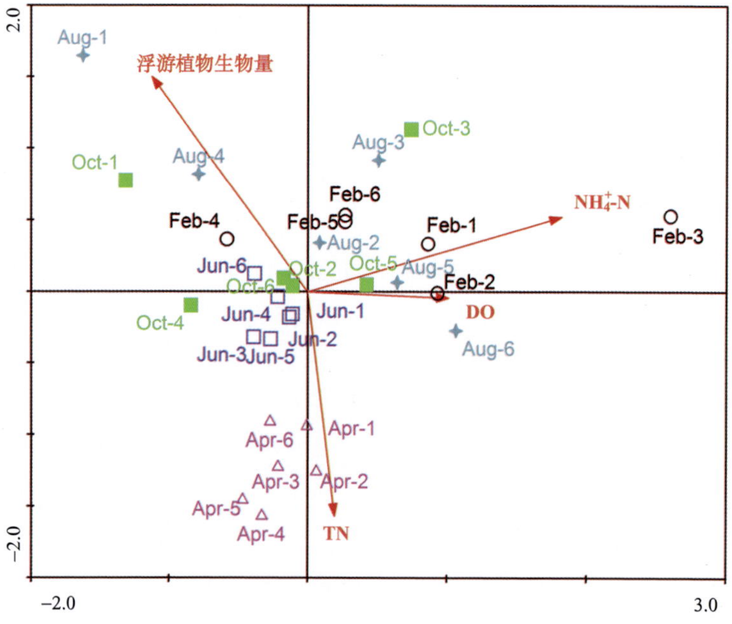

图 2-8　环境因子与浮游细菌群落结构变化的典范对应分析

2. 浮游细菌群落演替与浮游藻类群落组成的关系

上述 CCA 结果表明浮游细菌群落结构季节变化与浮游藻类生物量具有显著的相关性，而后者与其群落结构组成有密切联系，因此本章的研究选取显微观察所得的藻类数量和生物量与细菌群落组成变化进行 CCA 分析，进一步揭示影响浮游细菌群落演替的关键性环境因子。通过对环境因子的预筛选及 Monte Carlo permutation test 表明，所测环境因子中浮游藻类生物量、铵态氮、DO 和 TN 与浮游细菌群落结构变化显著相关（$P<0.05$），因此，进行只包含浮游藻类生物量、铵态氮、DO 和 TN 四个环境因子的 CCA 分析。在选取的 18 个藻类参数中，CCA 分析显示微囊藻（*Microcystis* spp.）数量及其生物量、蓝纤维藻（*Dactylococcopsis* sp.）数量及其生物量和色球藻（*Chroococcus*）生物量的膨胀因子（inflation factor）均大于 20，表明这 5 个藻类参数同其他藻类参数的变化可能存在明显的依数性。如果将后 4 个参数除去，微囊藻数量的 inflation factor 即小于 20。4 个排序轴中 A1 轴和 A2 轴的特征值较大（均为 0.699），A4 轴最低（为 0.515）（表 2-6）。就物种与环境因子的相关性而言，A2 的相关系数最高（0.979），A1 其次（0.979），而 A4 的相关系数最低（0.875）。通过对环境因子的预筛选及 Monte Carlo permutation test 表明，所测环境因子中微囊藻数量、席藻（*Phormidium* spp.）数量及其生物量与浮游细菌群落结构变化显著相关（$P<0.05$）。席藻生物量和微囊藻数量与第一轴的相关性较高，分别为 0.9232 和–0.7524；席藻和微囊藻数量与第二轴的相关性较高，分别为 0.5480 和–0.3927。图 2-9 是由 A1 和 A2 轴生成的二维图，同时标明了各样品、微囊藻数量、席藻数量及其生物量的变化趋势。

表 2-6　浮游藻类与浮游细菌群落 CCA 结果

轴	A1	A2	A3	A4	总变化率
特征值	0.642	0.465	0.249	0.926	9.609
物种环境相关性	0.966	0.847	0.672	0.000	—
累计百分比变化率					
物种数据	6.7	11.5	14.1	23.7	—
种–环境相关性	47.4	81.6	100.0	100.0	—
总典型特征值	—	—	—	—	1.356

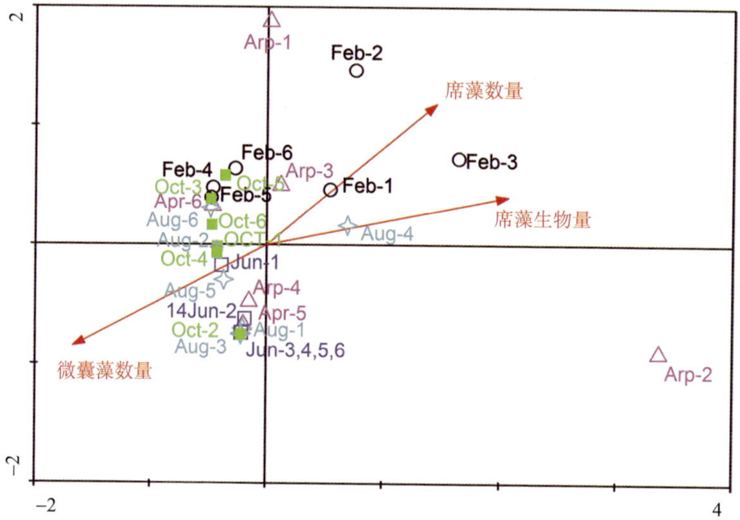

图 2-9　浮游藻类与浮游细菌群落结构变化的典范对应分析

2.4　讨　　论

末端限制性酶切片段长度多态性分析（T-RFLP）是一种将 RFLP 和荧光标记相结合的技术，自 Liu 等在 1997 年首次应用于微生物群落多样性的研究以来，以其分辨率高、重复性好等优点，受到越来越多的相关研究人员的重视，然而国内有关该方法在浮游细菌群落结构方面的研究尚处于起步阶段（Hiorns et al., 1997; Glöckner et al., 2000）。因此，本章的研究采用 T-RFLP 技术分析了梅梁湾蓝藻发生过程中细菌群落结构的变化与环境因子的关系，以探明影响细菌群落结构变化的关键环境因子，并弥补相关研究的不足。

2.4.1　梅梁湾浮游藻类群落组成的时空差异及其原因

藻类的生物量变化表明，2009 年梅梁湾在春季和夏季均发生了藻类水华（图 2-2（d）），然而各采样点的藻类群落组成不仅存在时间差异而且同一时间不同采样点间也不尽相同（图 2-4）。2 月份和 3 月份，浮游藻类以蓝藻和硅藻为优势种群，并可见少量隐藻（*Cryptomonas* sp.）；随着温度的升高，各采样点蓝藻（尤其是微囊藻）优势度均迅速增高，尤其是在 6、7、8 和 10 月的样品中很少发现除蓝藻以外的其他藻类，这可能是由于蓝藻复苏的温度略高于硅藻，并且蓝藻在复苏后的比生长速率较高的缘故（Cao et al., 2005）。在 5 月份和 9 月份，3 号点的浮游藻类群落组成与其余各点明显不同（图 2-4 和图 2-5）。该采样点位于直湖港和武进港入湖河口，5 月份和 9 月份该点氮、磷营养盐浓度明显高于其余各采样点（表 2-4 和图 2-2）。已有的研究表明，水生生物（尤其是浮游植物）的群落组成和多样性与湖泊环境状况也有一定的关系（金相灿和屠清瑛, 1990），由此可以推断，5 月份和 9 月份 3 号点的浮游藻类群落组成的特异性与该点氮、磷营养盐浓度较高密切相关。

2.4.2　梅梁湾浮游细菌群落组成的时空差异及其原因

与浮游藻类变化类似，T-RFLP 分析表明，各采样点的浮游细菌群落结构组成也存在时空特异性。Wu 等（2007a）的研究表明梅梁湾细菌数量的在夏、秋季节较高，而冬、春季节较低。邢鹏等（2007）运用 DGGE 技术发现夏、秋季节梅梁湾浮游细菌的丰度、基因多样性和群落的均匀度较高，而冬、春季节则较低。本章研究采用的 T-RFLP 技术也得到了类似的结果，但本章的研究进一步发现梅梁湾各采样点间浮游细菌群落的变化规律不尽相同（图 2-6 和图 2-7），即在同一湖湾内浮游细菌群落结构变化也存在时空异质性。

Muylaert 等（2002）在对不同富营养化程度的浅水湖泊中微食物网各营养级相互作用的研究中，发现在富营养湖泊中浮游细菌主要受到浮游藻类的上行效应（bottom-up regulation）调控，而受浮游动物的下行效应影响很小。在对太湖湖心和梅梁湾的中心两采样点的检测中，邢鹏等（2007）和 Wu 等（2007a）也发现，在水华发展过程中，水体中细菌的群落结构和数量均发生着剧烈的变化，表明它们与蓝藻水华之间具有密切的关系。本章研究的 CCA 结果表明，浮游细菌群落结构变化与铵态氮、DO、TN 浓度以及浮游藻类生物量（尤其是微囊藻数量、席藻数量及其生物量）显著相关（$P<0.05$）（图 2-8 和图 2-9）。水华过程中藻体通过光合作用以及藻体分解产生大量不同粒径和浓度的颗粒状、胶状及溶解性有机物可能为某些细菌提供营养物质（Alldredge et al., 1993）；大量水华藻体聚集形成群体，可造成水体光照、透明度下降，藻体的生长代谢也将引起水体溶解氧、pH 及氧化还原电位的变化（de Figueiredo et al., 2006; Mozelaar and Stal, 1994）；聚集藻体为细菌提供附生环境以避免其被捕食，并增强细菌吸收营养物质的能力（Worm and Søndergaard, 1998）；藻类产生的生物毒素对某些细菌的生存造成抑制（Ferreira et al., 2001）。这些因素可能导致了浮游细菌群落结构组成的时空异质性，然而蓝藻（尤其是微囊藻）水华对浮游细菌的影响机制有待设置原位围隔实验进行进一步研究。

2.5 小　结

（1）从全年来看，除铵根（NH_4^+）、磷酸根（PO_4^{3-}）、总氮（TN）和总磷（TP）外，梅梁湾各位点的其余理化因子无显著性差异；

（2）梅梁湾浮游藻类和浮游细菌的群落结构变化均存在一定的时空特异性；

（3）CCA 结果表明，浮游细菌群落结构变化与铵态氮、DO、TN 浓度以及浮游藻类生物量（尤其是微囊藻数量、席藻数量及其生物量）显著相关；然而，蓝藻（尤其是微囊藻）水华对浮游细菌的影响机制有待进一步研究。

第 3 章　微囊藻水华堆积、分解过程中湖泊细菌群落结构多样性的实验研究

3.1　相关研究进展

第 2 章研究表明蓝藻水华暴发过程中，浮游细菌群落结构变化与铵态氮、DO、TN 浓度以及浮游藻类生物量（尤其是微囊藻数量、席藻数量及其生物量）显著相关。而蓝藻水华暴发后细菌群落结构如何变化、该变化主要与哪些环境因子密切相关，目前尚不清楚。在水华暴发后期，大存量的水华微囊藻堆积后的腐烂分解不仅会产生大量的溶解性有机物（Cole et al., 1982），而且会引起水体 pH 和溶解氧（DO）的降低（Chen et al., 2010）。这一系列的物理、化学变化也将引起其他水生生物群落结构的巨大变化（如 Zhang et al., 2009）。已有的研究表明，微囊藻水华堆积、分解过程中微型真核生物的群落结构发生了剧烈变化（Chen et al., 2010），而有关这一过程中浮游细菌群落结构变化的研究较少（Eiler and Bertilsson, 2004）。异养细菌是湖泊生态系统中的主要分解者，在地球生物化学循环和能量流动中起着重要作用（Azam et al., 1983），了解浮游细菌群落结构对微囊藻水华的响应对于阐明富营养化湖泊生态系统的代谢过程具有重要意义。此外，许多蓝藻与多种细菌菌群联系密切（如 Maruyama et al., 2003; Grossart et al., 2005, 2006）；这些细菌中不乏某些病原微生物，例如嗜肺军团杆菌（*Legionellale pneumophila*）（Tison et al., 1980）、霍乱弧菌（*Vibrio cholerae*）（Ferdous, 2009）。浮游细菌群落的改变也会导致水质恶化（Paerl et al., 2003; Masango et al., 2008）。因此，全面了解浮游细菌群落结构对微囊藻水华的响应也可以为寻找指示微生物、保护水环境和人类健康提供科学依据（Paerl et al., 2003）。

太湖是位于我国东部（30°55′40″～31°32′58″N 和 119°52′32″ ～120°36′10″E）的大型浅水富营养化湖泊。每年 3 月至 12 月太湖中均可见蓝藻（主要为微囊藻）水华，且其生物量在 6 月至 9 月时最大（Qin et al., 2007）。由于太湖湖区面积广阔，微囊藻水华随风在不同湖区间漂移并在某些湖湾中堆积腐烂（Qin et al., 2007）。本书上一章的野外监测表明梅梁湾蓝藻水华暴发过程中，浮游细菌群落结构变化与微囊藻数量变化显著相关。已有研究也显示在微囊藻水华生消过程中，

湖泊微生物（包括浮游和附生细菌）的数量和结构发生着剧烈的变化，显示它们与蓝藻水华之间具有密切的关系（Xing and Kong, 2007; Wu et al., 2007a, 2007b）。然而这一结论尚未被直接的实验数据所验证，而且微囊藻水华是否与某些淡水湖泊病原微生物有关系仍不得而知。为了解浮游细菌群落结构对微囊藻水华堆积、分解的响应，本章采用原位围隔实验系统模拟了微囊藻堆积、分解的过程，结合细菌计数、T-RFLP（末端限制性酶切片段长度多态性分析）和 16S rDNA 克隆文库技术监测了该过程中湖泊微生物群落结构的变化。

3.2　研 究 方 法

3.2.1　实验设计

实验在 12 个敞口聚乙烯围格（60 L）中于 2008 年 8 月 26 日至 9 月 5 日在无锡市太湖梅梁湾进行。将围隔固定于离岸边约 200m 的湖湾中，在每个围隔中注入 50 L 采自透明度较高、无蓝藻水华（叶绿素浓度约为 15 μg/L）的贡湖湾的水。然后在围隔中添加不同生物量的水华微囊藻，水华微囊藻于实验前一天用 64 μm 滤网采自梅梁湾（31°28′4.5″N 和 120°13′34.2″E）并经蒸馏水冲洗 3 次。依据太湖不同湖区的蓝藻生物量，实验设 4 组处理：①对照组（A），不添加水华微囊藻；②低浓度处理（B），添加 113 μg/L 的水华微囊藻；③中浓度处理（C），添加 303 μg/L 水华微囊藻；④高浓度处理（D），添加 3217 μg/L 的水华蓝藻。每组 3 个重复。

3.2.2　样品的采集和预处理

采样时间：前 4 天（8 月 26 日至 30 日）每天采样一次，此后（8 月 31 日至 9 月 5 日）每 3 天采样一次；每次采样均在上午 9 时开始，1～2 h 内完成。

采样方法：用长 80 cm、直径 10 cm 的 PVC 管取 1.0 L 柱状水样放入灭菌的聚丙烯塑料瓶，取出 20 mL 样本加入甲醛固定（4%体积分数）用于浮游细菌计数，剩余水样冷藏保存，于 0.5 h 内运回实验室做进一步的处理。

细菌样本收集：100 mL 水样经孔径为 64 μm 的浮游生物滤网（25 号）过滤去除大型浮游动物及浮游藻类后，将滤液依次负压（＜20 mbar）过滤在孔径为 5 μm、0.2 μm 的聚碳酸酯膜（Durapore™ Millipore，USA）上（Zwart et al., 2002）以分别收集附着细菌、浮游细菌。在提取基因组 DNA 前，滤膜保存在–80℃超低温冰箱中。

3.2.3 理化指标的测定

现场使用 YSI6600 多参数水质监测仪（YSI Inc., USA）测定围隔中水体温度（temperature, Temp）、pH、氧化还原电位（conductivity, Cond）、溶解氧（dissolved oxygen, DO）和浊度（turbidity，Turb）。溶解性有机碳（dissolved organic carbon, DOC）、总氮（total nitrogen, TN）、铵态氮（ammonium, NH_4^+-N）、硝态氮（nitrate, NO_3^--N）、亚硝态氮（nitrite, NO_2^--N）、总磷（total phosphorus, TP）、正磷酸盐（ortho-phosphorus, PO_4^{3-}-P）和叶绿素 *a*（chlorophyll *a*, Chl *a*）浓度的测定同第 2 章。

依据围隔中上述环境因子的变化，选取细菌样品做进一步分析：第 4 天时，各围隔中的 Chl *a* 浓度、DO 浓度和 pH 限制性降低，而 DOC 浓度却急剧增高，表明该时刻水华微囊藻开始分解；在整个实验过程中围隔 A、B 和 C 中的理化数据相近（参见图 3-1）。因此，选择围隔 A、B 和 D 中第 0 天、第 1 天和第 4 天时的细菌样品进行后续分析，以监测细菌群落结构在微囊藻水华堆积、分解时的短期动态变化。

3.2.4 细菌计数

参考并改进相关文献中的荧光计数方法（Porter and Feig, 1980; Wu et al., 2006）进行细菌计数，具体步骤如下：

（1）在 5 mL 经甲醛固定的样品中加入 4, 6-diamidino-2-phenylindole（DAPI）、柠檬酸钠（sodium citrate）（终浓度分别为 1 μg/mL、0.005 mol/L），混匀后在黑暗条件下室温放置 15min 染色；

（2）用平头镊子先将一片孔径为 0.45 μm、直径为 25 mm 的 GF/C 微孔滤膜放在过滤器的烧结玻璃板上，在其上面再放一孔径为 0.2 μm、直径为 25 mm 的黑色聚碳酸酯膜（Millipore, USA），安装好微孔膜装置，夹牢滤筒；

（3）将已染色的水样注入滤筒中，在负压 10 mmHg 以下滤去染液，然后，用经 0.2 μm 聚碳酸酯膜过滤的蒸馏水沿滤器筒壁冲洗数次，再将滤液抽干；

（4）将滤膜置于载玻片中央，于膜上滴一滴真空硅油，盖上并压紧盖玻片（装片可立即计数或在黑暗处冷藏保存）；

（5）将装片置于荧光显微镜载物台上，调节好视野进行细菌计数，至少随机计数 20 个视野的细菌数，每视野的细菌数以 30～50 cells 为宜，依下式计算水样中的细菌数（cells/mL）：

$$N = X \cdot S_1 / S_2 \cdot 1 / V$$

式中，N 为样品中细菌总数（cells/mL）；X 为各计数视野细菌总数的平均值（cell）；S_1 为滤膜面积（mm^2）；S_2 为显微镜油镜的视野面积（mm^2）；V 为过滤水样的体积（mL）。

3.2.5　细菌基因组 DNA 的提取

将聚集有样品的聚碳酸酯膜在无菌操作台上剪半，一半留作备用，另一半用于 DNA 的提取。使用改进的酚-氯仿提取、乙醇沉淀法提取细菌基因组 DNA（Harder et al., 2003），具体步骤见第 2 章。

3.2.6　细菌群落结构的 T-RFLP 分析

用细菌特异性引物 8f（5′ 端用 Cy5 荧光标记）和 926r（Liu et al., 1997，表 3-1），分别以每组 3 个重复的混合细菌基因组 DNA 进行 PCR 扩增。PCR 反应体系、操作程序、产物检测、PCR 产物纯化、限制性酶切、T-RFs 分析均与第 2 章相同。

表 3-1　本章的研究所用 PCR 引物序列

引物名称	序列（5′——3′）	特异性
8f	AGAGTTTGATCCTGGCTCAG	细菌
926r	CCGTCAATTCCTTTGAGTTT	细菌
M13F	CGCCAGGGTTTTCCCAGTCACGAC	Vector
M13R	TCACACAGGAAACAGCTATGAC	Vector

3.2.7　克隆建库、测序、系统进化分析、确定 T-RFs 所属细菌菌群

1. 克隆文库的构建

选取围隔 A 第 0 天（浮游细菌）、围隔 D 第 4 天（浮游细菌和附着细菌）的样品进行克隆建库分析。用无荧光标记的细菌特异性引物 8f（Lane, 1991）和 926r（Muyzer et al., 1993）（表 3-1），以细菌基因组 DNA 为模板进行 PCR 扩增以获得克隆片段。PCR 扩增反应体系和条件均同前。同一反应体系重复两次，以保证克隆所需 DNA 的量。用 1%的琼脂糖凝胶电泳检测扩增结果，PCR 产物用 QIAquick 胶回收试剂盒（QIAGEN，德国）回收备用。

采用 Promega 公司（美国）生产的 pGEM-T Easy TA 克隆试剂盒构建 16S rDNA 克隆文库。依据说明书进行操作，具体步骤如下：

（1）冰浴下，在微量离心管中配制如表 3-2 所示的体积为 10 μL 的 DNA 连接反应体系；

（2）将连接反应体系置于 4℃过夜，以获得最佳的连接效率；

（3）将 10 μL 连接产物加入至 100 μL 感受态细胞（DH5 α，Takara）中，冰浴 30 min；

（4）将以上体系在 42℃热激 60 s 后，再在冰中放置 1 min；

（5）加入 890 μL LB 培养基，37℃下，150 r/min 转速，振荡培养 60 min；

（6）吸取 100 μL 上述菌液，均匀涂布在含有 Ampicillin（氨苄青霉素）、X-Gal（5-溴-4-氯-3-吲哚-*β*-D-半乳糖苷）和 IPTG（异丙基-*β*-D-硫代吡喃半乳糖苷）的 LB 琼脂平板培养基上，37℃下倒平板培养 12～16 h。

表 3-2　TA 克隆连接反应体系

项目	反应体系	阳性对照
2 ×快速转接缓冲液	5 μL	5 μL
pGEM@-载体	0.5～1 μL	0.5～1 μL
T4 DNA 连接酶	1 μL	1μL
目的 PCR 片段	3～6 μL	—
对照插入片段	—	1 μL

2. 阳性克隆的筛选、测序

每个克隆文库随机挑选 100 个左右白色菌落接种于 1 mL 含 100 mg/mL Amp 的 LB 培养基中，37℃、220 r/min 转速下振荡培养 16 h。然后以 M13F 和 M13R（表 3-1）为引物、菌落为模板进行 PCR 验证。PCR 反应的条件为 95℃预变性 5 min；94℃变性 1 min；55℃退火 30 s；72℃ 延伸 2 min，共 30 个循环；最后 72℃延伸 10 min。1%琼脂糖电泳验证产物插入片段的长度。

对阳性重组质粒用载体引物 M13F，在 ABI3730 自动 DNA 测序仪进行测序（委托上海英俊生物科技有限公司），测序有效长度约为 900bp。

3. 序列分析、构建进化树、确定 T-RFs 所属细菌菌群

所测序列经 Ribosomal Database Project Ⅱ（RDP）中的 CHIMERA_CHECK

（http://rdp8.cme.msu.edu/docs/chimera_doc.html）软件进行 Chimera 检测，舍弃 Chimera。将无问题序列与 GenBank 中已有序列进行比对（http://blast.ncbi.nlm.nih.gov/Blast.cgi）以初步确定所测序列的分类地位，获取同源性较高的相关菌株的 16S rRNA 基因序列。再用 MEGA 4.0 软件（Tamura et al., 2007），用邻接法（neighbor-joining method，N-J 法）构建系统进化树以确定所测序列的分类地位。依据所测序列从 8f 引物 5′ 端开始第一个 *Hha* I 酶切位点的长度确定 T-RFs 所属细菌菌群。

本章研究所测序列已上传至 GenBank，登录号为 HM153606-HM153700。

3.2.8　统计分析

采用多变量统计分别分析环境因子与附着细菌、浮游细菌群落组成变化的相关性。计算过程中使用的软件为 CANOCO 4.5 for Windows（Microcomputer Power, ter Braak and Šmilauer, 2002）。用于统计分析的环境因子有 Chl *a*、TP、TN、DOC、NH_4^+-N、NO_x^--N、PO_4^{3-}-P、DO 和 pH，除 pH 外，所有环境因子均经过 $\log(x+1)$ 转换（Muylaert et al., 2002）。将 T-RFLP 的结果处理为 0/相对含量的矩阵。根据 DCA（detrended correspondence analysis）的结果显示，样品矩阵第一轴和二轴的长度均大于 2，因此本章的研究假定物种与环境间具有非线性的相关关系，选择典范对应分析（canonical correspondence analysis, CCA）来计算环境因子与细菌群落组成变化的相关性。通过软件中的预筛选功能（forward selection）对群落组成影响显著的环境因子进行筛选。采用 499 次非限制性 Monte Carlo permutations test 对计算结果的显著性进行验证。

使用 LIBSHUFF 程序分析所建克隆文库间差异的显著性（Schloss et al., 2009）。用 SPSS11.5 统计软件对 Chl *a* 与其他环境因子以及优势 T-RFs 间在微囊藻水华分解过程中的关系进行回归分析。配对 t-test 用于比较随着实验的进行各围隔某一参数的变化是否存在显著差异。用单因子方差分析法分别对不同处理间各环境因子的差异显著性进行统计学分析。

3.3　研 究 结 果

3.3.1　理化指标的变化

各围隔中环境因子的变化如图 3-1。本实验过程水温为 25～29℃。随着实验的进行，各围隔水体的叶绿素浓度在第 4 天后急剧降低。水华微囊藻的添加使得

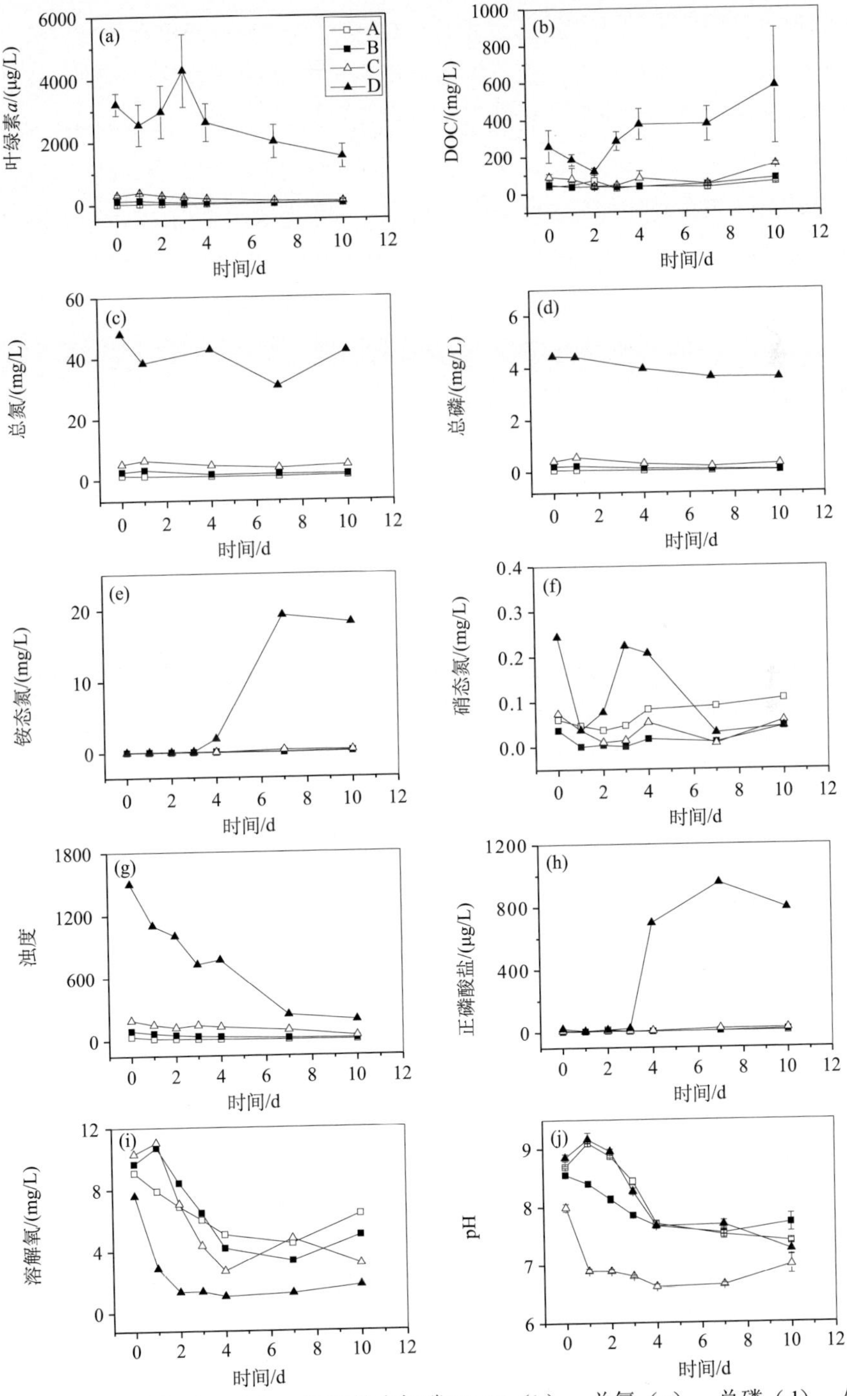

图 3-1　各围隔中叶绿素 a（a）、溶解性有机碳(DOC)（b）、总氮（c）、总磷（d）、铵态氮（e）、硝态氮（f）、浊度（g）、正磷酸盐（h）、溶解氧（i）和 pH（j）的变化趋势

水体总氮、总磷浓度显著增加，且增加的幅度与所加的藻浓度成正比。在第 4 天时，围隔 A、B 和 C 中的铵态氮、正磷酸盐浓度无显著性变化，而围隔 D 中却显著性增高（$P<0.05$）。此外，实验室进行至第 4 天时，围隔 D 中的 pH 和溶解氧浓度均急剧降低（$P<0.0001$）。第 0 天，围隔 D 中的 DO 为 7.6±0.2 mg/L，与其他各围隔无显著性差异（$P>0.005$）；第 4 天，围隔 D 中的 DO 急剧下降至 1.0±0.3 mg/L，明显低于其余各围隔。各围隔中 DOC 含量在第 3 天时均升高，而围隔 D 中的变化较大（从第 2 天时的 117.8±18.6 mg/L 升高至 557.9±313.3 mg/L）。单因子方差分析表明，围隔 D 中 DOC 含量在实验各时刻均最高（One-way ANOVA，$P<0.05$）。

3.3.2　细菌数量的变化

单因子方差分析表明，水华微囊藻浓度对围隔中细菌的数量有极显著影响（$P<0.001$）（图 3-2），水华微囊藻的添加使得异养细菌数目显著增加。第 0 天水样，各围隔中细菌数量无显著性差异。第 1 天时，加藻处理组（围隔 B、D）中的细菌数量高于空白对照组（围隔 A），而前两者间无显著性差异。第 4 天时，高浓度藻处理组（围隔 D）中的细菌数量增加了近 10 倍，远远高于其余对照组（围隔 A、B），而后两者间无显著性差异。

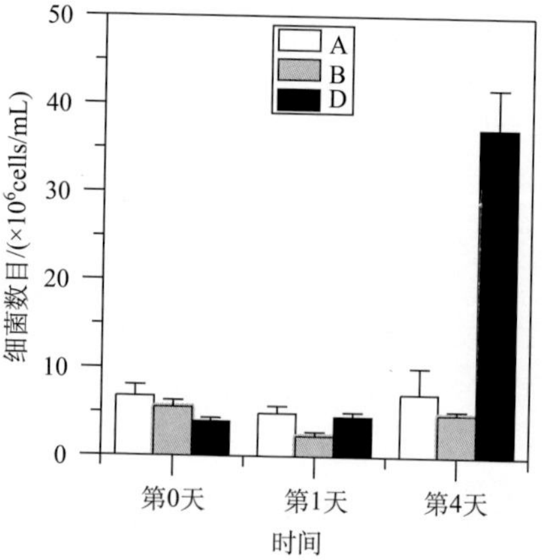

图 3-2　三个围隔中细菌数目的变化

3.3.3　T-RFLP 分析浮游细菌群落结构的变化

T-RFLP 分析表明，对照组（围隔 A）中的浮游细菌群落结构组成在第 0、1

和 4 天时均相似；而微囊藻处理组（围隔 B、D）中浮游细菌群落结构随着实验的进行在第 1、4 天时均发生了的巨大变化（图 3-3）。实验开始时（第 0 天），围隔中浮游细菌含有 24 条相对含量大于 1%的 T-RFs，且长度分别为 65 bp、204 bp、205 bp、208 bp、369 bp、569 bp 和 577 bp 的 T-RFs 含量较高（相对含量均大于 5%）。第 1 天时，低浓度藻处理组（B 组）的浮游细菌群落结构与 0 时刻相比变化较小，但长 85/86 bp 的 T-RF 相对含量明显高于其余各 T-RF（为 10%），且长度分别为 60 bp、92 bp、513 bp、93 bp、201 bp、203 bp、365 bp 和 565 bp 的 T-RFs（其中前四者的相对含量均大于 4%）均首次出现在该围隔中。第 4 天时，低浓度藻处理组中长 202 bp 和 565 bp 的 T-RFs 相对含量较高（分别为 12.5%和 13.7%），新发现的 3 条 T-RFs 长度分别为 213 bp、509 bp 和 533 bp。

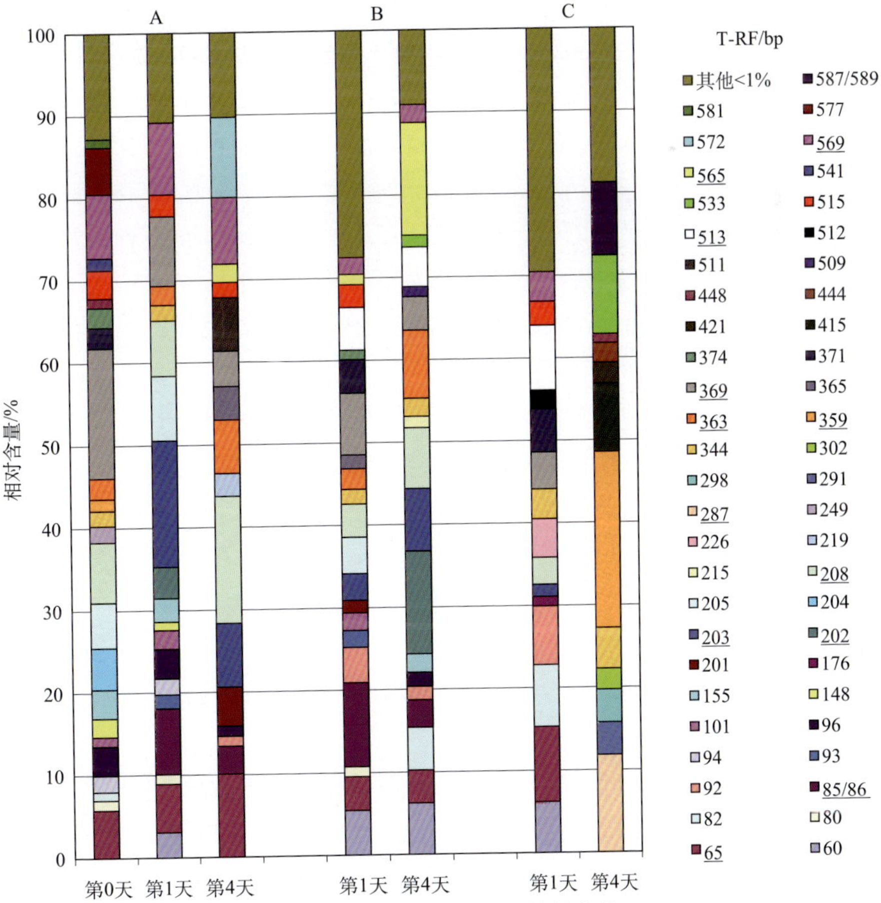

图 3-3 浮游细菌群落结构的变化

相对含量变化较大的 T-RF 已用下划线标注

高浓度水华微囊藻处理组（围隔 D）中，第 1 天时，长 65 bp 的 T-RF 相对含量最高（为 9%；图 3-3）；其余相对含量较高（＞4%）的 T-RFs 长度分别为 60 bp、92 bp、226 bp、371 bp、513 bp、82 bp 和 369 bp，且前 5 个均首次在该围隔中被检出。此外，长分别为 176 bp、203 bp 和 412 bp 的 T-RFs 亦为首次被检出。第 4 天时，该围隔中浮游细菌群落结构再一次发生了变化：长 359 bp 的 T-RF 成为优势菌群，其相对含量较高为 21.3%（图 3-3）；该时刻共发现 12 条相对含量大于 1%的 T-RFs，其中有 9 条（长度分别为 287 bp、291 bp、298 bp、302 bp、415 bp、421 bp、444 bp、533 bp 和 587 bp）为首次发现。

3.3.4　T-RFLP 分析附着细菌群落结构的变化

T-RFLP 分析表明，附着细菌群落的结构变化不同于浮游细菌，即各围隔中的细菌群落结构组成在第 1 天和第 4 天时均发生了变化（图 3-4）。实验开始时（第 0 天），围隔中附着细菌共发现 14 条相对含量大于 1%的 T-RFs，且长度分别为 60 bp、80 bp、295 bp 和 314 bp 的 T-RFs 含量较高（均大于 4%），其中后两者相对含量最高，分别占 43.8%、16.3%。第 1 天时，对照组中附着细菌的优势 T-RFs 长分别为 237 bp、369 bp（相对含量分别为 25.7%、36.7%），且后者为首次检出；该时刻所检测出的 14 条 T-RFs 中有 11 条为首次发现（图 3-4）。第 4 天时，对照组中附着细菌群落结构再一次发生了变化：长 85/86 bp 和 134/135 bp 的 T-RFs 相对含量较高（分别为 14.2%和 12.5%）；新发现 4 条 T-RFs，长分别为 11 bp、138 bp、151 bp 和 168 bp（图 3-4）。

第 1 天时，在低浓度水华微囊藻处理组（围隔 B）中的附着细菌含有 19 条相对含量大于 1%的 T-RFs，其中仅有 5 条为前一采样时刻发现的；且首次被发现的长度分别为 85/86 bp 和 577 bp 的 T-RFs 为该时刻优势菌群（相对含量分别为 17.1%和 10.3%）。第 4 天时，长度为 134/135 bp 的 T-RF 相对含量从 6.5% 升高到 13.8%，成为优势菌群；而长度为 85/86 bp 的 T-RF 相对含量却降低到 10.3%。此外，该时刻共发现 7 条先前未出现过的 T-RFs，其长度分别为 92 bp、11 bp、129 bp、138bp、163 bp、194 bp 和 222 bp。

高水华微囊藻处理组（围隔 D）中，第 1 天时，虽然大多数先前检测出的 T-RFs 在该时刻仍然存在，但是新发现的长 60 bp 和 339 bp 的 T-RFs 相对含量最高（分别为 7.0%和 9.6%）；长度分别为 94 bp、106 bp、208 bp、213 bp、325 bp、374 bp、511 bp、513 bp 和 515 bp 的 T-RFs 亦为首次发现。第 4 天时，该围隔中优势 T-RFs 的长分别为 222 bp、60 bp、339 bp 和 513 bp（前者为首次检出），其相对含量分别为 12.8%、13.5%、10.7%和 9.8%；另有 2 条首次检出的 T-RFs，其长度分别为 201 bp 和 204 bp（图 3-4）。

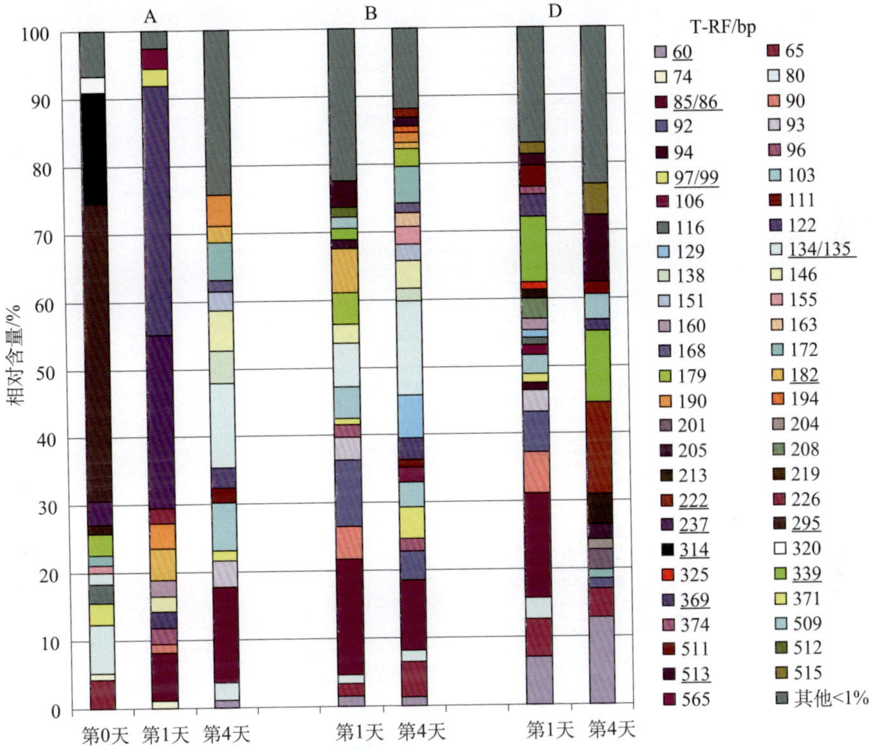

图 3-4　附着细菌群落结构的变化

相对含量变化较大的 T-RF 已用下划线标注

3.3.5　系统发育分析、确定 T-RFs 所属细菌菌群

为确定 T-RFs 所属细菌种群以进一步分析在水华微囊藻堆积、分解过程中异养细菌群落结构的变化，共选取了 3 个样本进行 PCR 扩增后获得的 16S rDNA 片段构建克隆文库：对照组第 0 天的浮游细菌样品（WA0.2-0d），高浓度藻处理组第 4 天时浮游、附着细菌样品（WD0.2-4d、WD5-4d）；分别测得 52 条、33 条、50 条序列。基于细菌 16S rDNA 序列进行了系统发育分析（图 3-5、图 3-6）。总体上，仅有一半的 T-RFs 可以确定其所属细菌种群，而且许多 T-RFs 同时属于不同种群（表 3-3）。该分析表明，参与水华微囊藻分解的浮游、附着细菌均具有较高的多样性。

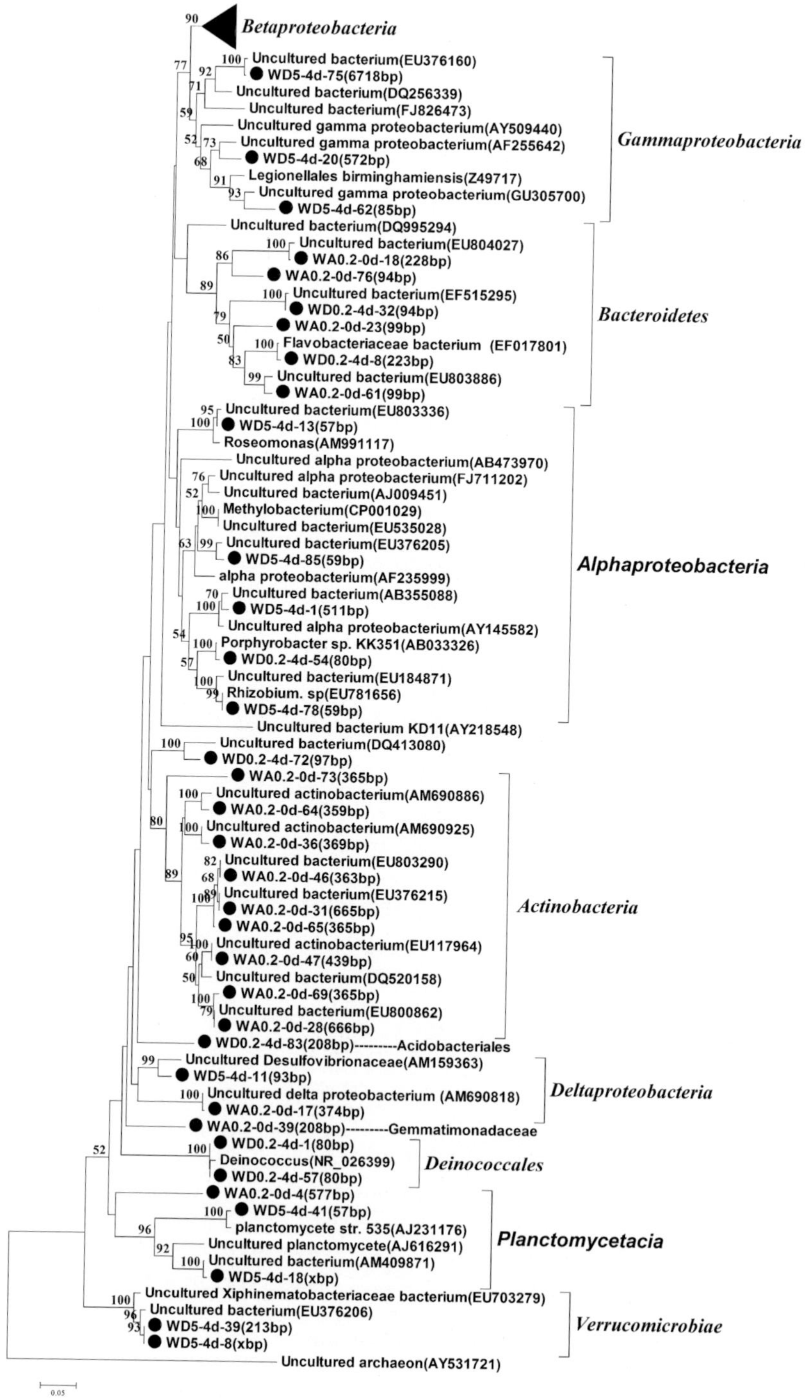

图 3-5　采用邻接法构建的 16S rRNA 序列的系统进化树

其中"●"表示本书所测序列，括号内为其 *Hha* I 酶切位点所在位置（x bp 表示所测序列未找到 *Hha* I 的酶切位点）

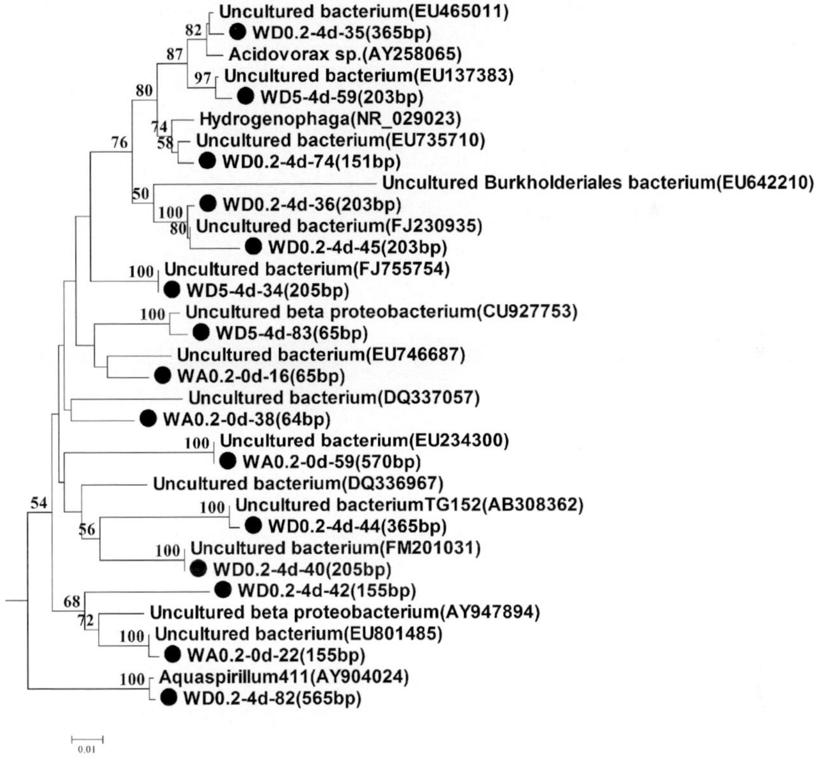

图 3-6　采用邻接法构建的与 *β*-Proteobacteria 有关的 16S rRNA 序列的系统进化树

其中“●”表示本书所测序列，括号内为其 *Hha* I 酶切位点所在位置（x bp 表示所测序列未找到 *Hha* I 的酶切位点）

结合 T-RFLP 和细菌 16S rDNA 序列分析表明，对照组（围隔 A）中浮游细菌的优势种群主要属于 5 大类群：*α*-变形菌纲（Alphaproteobacteria）的根瘤菌目（Rhizobiales）和红杆菌目（Rhodobacterales）、*β*-变形菌纲（Betaproteobacteria）的伯克氏菌目（Burkholderiales）和嗜甲基菌目（Methylophilales）、放线菌门（Actinobacteria）的微球菌亚目（Micrococcineae）（表 3-4）。低浓度藻处理组（围隔 B）在第 1 天时，浮游细菌的优势种群属于 *γ*-变形菌纲（Gammaproteobacteria）的军团菌目（Legionellales）（T-RF: 85/86 bp，图 3-3 和表 3-4），进一步分析表明该种群与一种厌氧病原微生物——伯明翰军团菌（*Legionella birminghamiensis*）亲缘关系最近（序列相似性为 91%）；新检出的 T-RFs 属于根瘤菌目（Rhizobiales）和 *γ*-变形菌纲的脱硫弧菌目（Desulfovibrionales）。第 4 天时，低浓度藻处理组中的浮游细菌以微球菌亚目、奈瑟菌目（Neisseriales）和一部分未知种属的 *β*-变形菌为优势种群；新发现的长度分别为 213 bp 和 533 bp 的 T-RFs 分别属于疣微菌目

（Verrucomicrobiales）和红杆菌目（Rhodobacterales），而在所建克隆文库中没有与长度为 509 bp T-RF 匹对的序列，因此无法确定该 T-RF 所属种群。高浓度水华微囊藻处理组（围隔 D）中，第 1 天时，浮游细菌以微球菌亚目和根瘤菌目为主，但属于前一菌群的 T-RFs 从 4 条减少到 2 条。新发现的 T-RFs 分别属于红杆菌目、鞘脂杆菌目（Sphingobacteriales）、伯克氏菌目、酸杆菌目（Acidobacteriales）和芽单胞菌目（Gemmatimonadales）。第 4 天时，除相对含量为 21.3%、长 359 bp 的优势 T-RF（图 3-3）属于放线菌门，且除该 T-RF 外先前发现的属于放线菌门的 T-RFs 均未检出；该围隔中新发现的长为 533 bp 的 T-RF 属于红杆菌目，而其余新发现的 T-RFs 在所建克隆文库中无匹对的序列，因此无法确定该 T-RF 所属种群。

与 T-RFLP 分析的结果相似，16S rDNA 序列分析表明，附着细菌群落结构组成在第 1 天和第 4 天时均发生了变化（表 3-5）。在第 0 天时，附着细菌的优势种群主要有微球菌亚目、异常球菌目（Deinococcales）、鞘脂单胞菌目和伯克氏菌目。第 1 天时，对照组中相对含量最高的 T-RFs（369 bp，36.7%）属于微球菌亚目，新检出的长 96 bp 和 226 bp 的 T-RFs 均属于鞘脂单胞菌目，长 85/86 bp 的 T-RF 与 *Legionellales* 亲缘关系最近，而 565bp 的 T-RF 所属种群无法确定。第 4 天时，*Legionellales* 的优势度明显增高（14.2%）。低浓度藻处理组（围隔 B）在第 1 天时，新发现的相对含量较高的长分别为 85/86 bp 和 92 bp 的 T-RFs（分别占 13.0% 和 9.7%）分别属于 *L. birminghamiensis* 和未知种属的 α-变形菌；其余新发现的 T-RFs 分别属于 *Flavobacteriale*、*Rhizobiales*、*Rhodobacterale*、*Burkholderiales*、*Neisseriales*、*Desulfovibrionales* 和未知种属的 *Gammaproteobacteria*。第 4 天时，*L. birminghamiensis* 仍然为优势种，但其所占比例有所降低（从 17.1%降低到 10.3%）；而相对含量从 6.5% 升高到 13.8%、长度为 134/135 bp 的 T-RF 所属细菌菌群未确定。高浓度水华微囊藻处理组（围隔 D）中附着细菌的群落结构在第 1 天时明显不同于低浓度水华微囊藻处理组，前者主要包括 *L. birminghamiensis*、Micrococcineae 和 *Rhodobacterales*。第 4 天，高浓度水华微囊藻处理组（围隔 D）中的优势种为 *Rhizobiales*、*Flavobacteriales* 和 *Rhodobacterales*，其所对应的 T-RFs 分别为 60bp、513bp 和 222bp（分别占 12.8%、9.8%、13.5%，且后者为首次检出）。新发现的 201bp T-RF 与 *Burkholderiales* 亲缘关系最近，而 204bp T-RF 未找到其对应序列，无法确定其种属（表 3-5）。

LIBSHUFF 分析表明建的 3 个克隆库间均具有显著性差异，表明在水华微囊藻的堆积、分解过程中异养细菌群落结构发生了剧烈变化（表 3-6）。

表 3-3　本章的研究中发现的 OTUs

分离物种比对信息		分类操作单元（OUT）	克隆个数	克隆编号	登录号	相似度	T-RFs/bp
Alphaproteobacteria	*Rhizobium*	1	5	WD5-4d-78	EU781656	99	59
	Rhizobium	2	3	WD0.2-4d-48	EU429484	98	59
	Rhodobacteraceae	3	3	WD5-4d-1	AB355088	96	511
	Erythrobacteraceae	4	1	WD0.2-4d-54	AB033326	96	80
	Acetobacteraceae	5	7	WD5-4d-13	EU803336	98	57
Bacteroidetes	*Sphingobacteriales*	6	1	WA0.2-0d-76	EU801542	99	94
	Sphingobacteriales	7	3	WA0.2-0d-18	AM690818	96	228
	Flavobacteriales	8	12	WD0.2-4d-8	X85208	98	223/219
	Flavobacteriales	9	1	WA0.2-0d-23	AY947894	97	99
	Flavobacteriales	10	1	WA0.2-0d-61	EU803886	96	99
	Unclassified	11	1	WD0.2-4d-32	EF515295	98	94
Betaproteobacteria	*Acidovorax*	12	3	WD0.2-4d-35	AY258065	98	365
	Acidovorax	13	1	WD5-4d-59	EU137383	99	203
	Burkholderiales	14	1	WD0.2-4d-74	AJ585992	98	151
	Burkholderiales	15	2	WD0.2-4d-36	FJ230892	99	203
	Burkholderiales	16	1	WD0.2-4d-45	FJ230935	96	203
	Burkholderiales	17	2	WD5-4d-83	CU927753	98	65
	Burkholderiales	18	2	WD5-4d-34	FJ755748	97	205
	Burkholderiales	19	1	WA0.2-0d-16	DQ337022	98	65
	Methylophilales	20	1	WA0.2-0d-59	EU877627	99	570
	Neisseriales	21	1	WD0.2-4d-82	AY904024	99	565

续表

分离物种比对信息		分类操作单元（OUT）	克隆个数	克隆编号	登录号	相似度	T-RFs/bp
	Rhodocyclales	22	1	WD0.2-4d-40	FM201031	98	205
	Rhodocyclales	23	1	WD0.2-4d-44	AB308362	98	365
	Unclassified	24	1	WA0.2-0d-38	EU592665	99	64
	Unclassified	25	1	WD0.2-4d-42	AY509421	98	155
	Unclassified	26	1	WA0.2-0d-22	EU801485	94	155
Gammaproteobacteria	*Legionellaceae*	27	1	WD5-4d-20	AF255642	91	572
	L.birminghamiensis	28	1	WD5-4d-62	Z49717	91	85/86
	Unclassified	29	1	WD5-4d-75	EU181073	99	371
Actinobacteria	*Actinomycetales*	30	5	WA0.2-0d-73	AM690962	96	365
	Actinomycetales	31	1	WA0.2-0d-36	AM690925	99	369
	Actinomycetales	32	1	WA0.2-0d-47	EU117964	99	439
	Actinomycetales	33	2	WA0.2-0d-28	EU800862	100	666
	Actinomycetales	34	1	WA0.2-0d-69	EU800862	99	365
	Actinomycetales	35	1	WA0.2-0d-46	EU803290	99	363
	Micrococcineae	36	1	WA0.2-0d-65	AM690886	95	365
	Micrococcineae	37	1	WA0.2-0d-64	AM690886	95	359
	Micrococcineae	38	4	WA0.2-0d-31	EU376160	100	665
Gemmatimonadetes	*Gemmatimonas*	39	1	WA0.2-0d-39	DQ520169	97	208
Deinococcus-Thermus	*Deinococcus*	40	1	WD0.2-4d-1	NR026399	98	80
	Deinococcus	41	1	WD0.2-4d-57	Y11329	98	80
Deltaproteobacteria	*Desulfovibrionales*	42	1	WD5-4d-11	AM159363	91	93
	Unclassified	43	2	WA0.2-0d-17	AM690818	99	374

续表

分离物种比对信息		分类操作单元（OUT）	克隆个数	克隆编号	登录号	相似度	T-RFs/bp
Planctomycetales	*Planctomycetales*	44	1	WD5-4d-18	AM409871	99	x
	Pirellula	45	2	WD5-4d-41	GQ054249	99	57
Verrucomicrobiae	*Xiphinematobacteriaceae*	46	1	WD5-4d-39	EU376160	94	213
	Xiphinematobacteriaceae	47	1	WD5-4d-8	EU376206	96	x
Acidobacteria	*Acidobacteriales*	48	1	WD0.2-4d-83	EU735703	94	223
Unknown	Unknown	49	1	WD0.2-4d-72	DQ413080	90	97

表 3-4　基于细菌 16S rDNA 系统发育分析的浮游细菌群落结构变化

遗传分类	浮游细菌 DNA 酶切片段/bp						
	W0.2-0d	WA0.2-1d	WA0.2-4d	WB0.2-1d	WB0.2-4d	WD0.2-1d	WD0.2-4d
Actinobacteria							
Actinomycetales	**65***,359,	65*,363*,**369**	**65***,**363***,	**65**,363*,365*,**369**	**65**,**363***,**369**	**65***,**369**	**359**
Micrococcineae	363*,**369**		**365***,**369**				
Bacteroidetes							
Flavobacteriales	94*	94*	219				
Sphingobacteriales	94*, 96	94*,96	96		96	**226**	
Deinococcales	80*	80*		80*			
Alphaproteobacteria							
Rhizobiales	515	60*, 515	515, **511***	**60***, **513**,515	60*, **513**	**60***, **513**,515	
Rhodobacterales			**511***		533	512	**533**
Sphingomonadales	80*	80*		80*			

续表

遗传分类	浮游细菌 DNA 酶切片段/bp						
	W0.2-0d	WA0.2-1d	WA0.2-4d	WB0.2-1d	WB0.2-4d	WD0.2-1d	WD0.2-4d
Unclassified			92	**92**	92	**82**,92	
Betaproteobacteria							
Burkholderiales	**65***,**204**,**205***, 363*	65*,**203**,**205***, 363*	65*,365, **203**, **363***	65*,203,**205***,365, 363* 363*	65*, **203**,**363***	**65***, 203	
Methylophilales	155, **570**	155, **570**	**570**	570	155, 570	570	
Neisseriales							
Deltaproteobacteria							
Desulfovibrionales		93		93	93		
Unclassified	374			374			
Gammaproteobacteria							
Legionellales		**85/86**	**85/86**	**85/86**	85/86*		
Unclassified			**572**				
Gemmatimonadales	**208***	**208***	**208***	**208***	**208***	208*	
Acidobacteriales	**208***	**208***	**208***	**208***	**208***	208*	
Verrucomicrobiales					215		
Planctomycetales	**577**						
Unidentified	101,148,249,344, 371,541,**569**,581, 587	101,148,202,344, **569**	**201**,565,**569**,	101,344,**371**,565,569,20 1	202,344,509, **565**, 569	176,249,344, **371**,569	**287**,291,298,302, **344**,**415**,421,443, 448,**587**

注：相对含量大于 4%的 T-RFs、属于不同菌群的 T-RFs、在某时刻相对含量急剧增加的 T-RFs 分别用加粗、*、下划线标记

表 3-5　基于细菌 16S rDNA 系统发育分析的附着细菌群落结构变化

遗传分类	附着细菌 DNA 酶加片段/bp						
	W5-0d	WA5-1d	WA5-4d	WB5-1d	WB5-4d	WD5-1d	WD5-4d
Actinobacteria							
Actinomycetales	**65***,97	97,**369**		97,65*	**97,65***	**65***, 97,369	**65***, 369
Bacteroidetes							
Flavobacteriales	219		60*	60*	60*, 222	**60***, 94*	**60***, **222**
Sphingobacteriales		96, 226		96	96	94*	
Deinococcales80	**80**		80*	80*		80*	
Alphaproteobacteria							
Rhizobiales	155*		60*	60*, 511*, **513**	60*, 155*	511*,513, 515	**60***, **513**,511* **515**
Rhodobacterales				511*		**339,** 511*	**339,**511*
Sphingomonadales	**80**		80*	80*		80*	
Unclassified				**92**	**92**	**92**	92
Betaproteobacteria							
Burkholderiales	**65***		65*,151	205*	151, 205*	**65***	204, 205*
Methylophilales	155*				155*		**339**
Neisseriales				205*	205*		205*
Deltaproteobacteria							
Desulfovibrionales			93	93	93	93	
Unclassified				374		374	

续表

遗传分类	附着细菌 DNA 酶加片段/bp						
	W5-0d	WA5-1d	WA5-4d	WB5-1d	WB5-4d	WD5-1d	WD5-4d
Gammaproteobacteria							
Legionellales		**85/86**	**85/86**	**85/86**	**85/86**		
Unclassified				**572**			
Gemmatimonadales						208	
Verrucomicrobiales						213	**213**
Unidentified	74,116,134, 172,179,**237**,**295**, **314**,320	74, ,90,146, 160,**182**,190, **237**,371, 565	**103**,111,122,**134**,**138**,**146**,168,**172**,182,**190**	**88**,**90**, **103**,**134**, 146,**179**,**182**, 509	103,106,111,122,**129**,**134**,138,**146**,160, 163,168,**172**,179, **182**,190,**194**	**90**,103,106,116, 129,160, 325	201,172,

注：相对含量大于 4%的 T-RFs、属于不同菌群的 T-RFs、在某时刻相对含量急剧增加的 T-RFs 分别用加粗、*、下划线标记

表 3-6　所建克隆文库间的比较

克隆文库	*P* 值	是否具有显著性差异
WA0.2-0d vs WD0.2-4d	—	是
XY	0.0001	—
YX	<0.0001	—
WA0.2-0d vs WD5-4d	—	是
XY	<0.0001	—
YX	<0.0001	—
WA0.2-4d vs WD5-4d	—	是
XY	0.7994	—
YX	0.0026	—

3.3.6　细菌群落结构变化与环境因子间的相关分析

通过对环境因子的预筛选及 Monte Carlo permutation test 表明，所测环境因子中 Chl *a*、DO、DOC 和 pH 与浮游细菌群落结构变化显著相关（$P<0.05$），因此，进行只包含 Chl *a*、DO、DOC 和 pH 四个环境因子的 CCA 分析。结果显示浮游细菌属种-环境对应关系的 CCA 前两轴的特征值分别为 0.92 和 0.45（图 3-7），表明二者均重要。前两轴一共解释了 54.0%的浮游细菌属种数据变化，所有四个轴一共解释 76.2%。第一轴与 DO 和 DOC 的相关性较高，分别为–0.8180 和 0.8075；第二轴与 Chl *a* 和 DO 的相关性较高，分别为 0.7585 和 0.4513。与浮游细菌相似，附着细菌群落结构变化亦与 Chl *a*、DO、DOC 和 pH 显著相关（$P<0.05$）。CCA 结果表明，前两轴的特征值分别为 0.55 和 0.40（图 3-8）。前两轴一共解释了 52.4%的附着细菌属种数据变化，所有四个轴一共解释 70.1%。第一轴与 Chl *a* 和 DOC 的相关性较高，分别为 0.8829 和–0.8737；第二轴与 DOC 和 pH 的相关性较高，分别为–0.2884 和–0.1190。回归分析表明，Chl *a* 与 DO、DOC 均具有显著的负相关关系（R^2 分别为 0.42 和 0.36，*P* 均小于 0.05）；异养细菌数量与 DOC 具有极显著的正相关关系（$R^2=0.77$，$P<0.01$）。

Micrococcineae（T-RFs：359 bp 和 565 bp）的相对含量与 Chl *a* 在高浓度水华微囊藻处理组呈显著性负相关（$R^2=0.93$，$P<0.05$），而在对照组、低浓度水华微囊藻处理组中均无显著的相关关系（R^2 分别为 0.17 和 0.27，*P* 均大于 0.05）（表 3-7）。

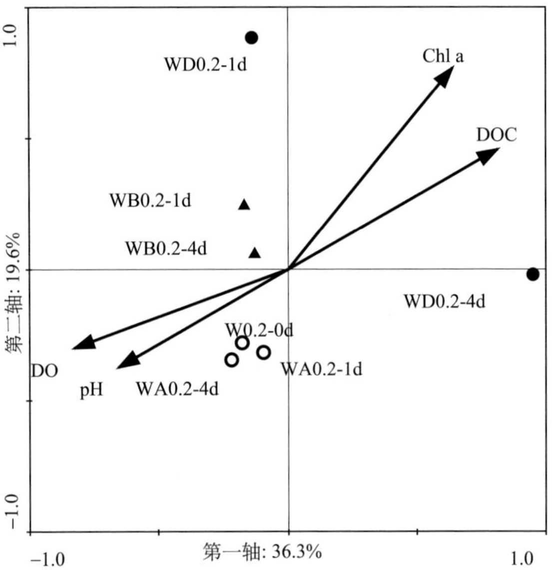

图 3-7　浮游细菌群落结构变化与主导环境因子的 CCA 分析结果

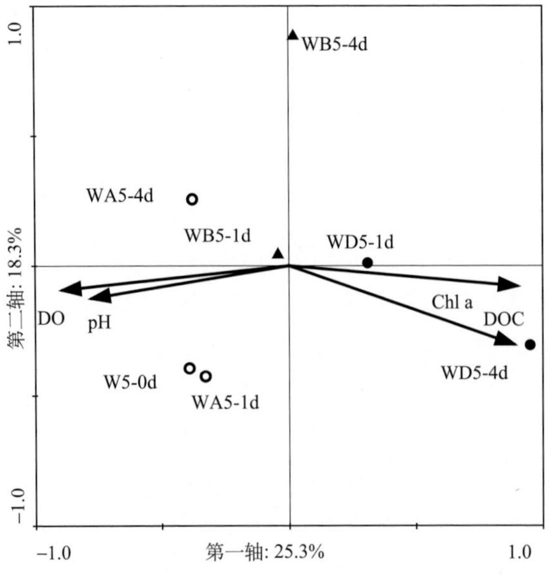

图 3-8　附着细菌群落结构变化与主导环境因子的 CCA 分析结果

表 3-7　Micrococcineae 相对含量与各围隔中叶绿素 *a* 浓度的线性回归分析

细菌	围隔	回归方程	R^2
浮游细菌	A	$Y = 52.318X–6.6801$	0.1689
	B	$Y= –41.968X + 27.229$	0.2596
	D	$Y = –46.115X + 31.946$	0.9269
附着细菌	A	$Y= 373.95X –113.09$	0.3476
	B	NA	NA
	D	$Y = 8.4475X–2.9599$	0.7239

注：NA 为未检测出 Micrococcineae 所对应的 T-RFs

3.4　讨　　论

末端限制性酶切片段长度多态性分析（T-RFLP）自 Liu 等（1997）首次应用于环境微生物群落结构多样性研究以来，以其具有分辨率高、重复性好、可以相对定量分析结果等优点，被越来越多的相关研究人员用于比较不同微生物群落结构的差异及其动态变化的方法所采用（Schütte et al., 2008）。然而单独依据 T-RFLP 分析难以详尽描述细菌群落的结构组成，原因在于 T-RFs 所对应的细菌菌群难以确定，因此更多的研究者倾向于结合使用 T-RFLP 和构建克隆文库技术（如 Schwarz et al., 2008; Xing et al., 2011）。

本章采用原位围隔实验，结合细菌计数、T-RFLP（末端限制性酶切片段长度多态性分析）和 16S rDNA 克隆文库技术，以期揭示在不同存量的水华微囊藻堆积、分解过程中细菌群落结构的变化，以及这种变化与该过程中哪些环境因子的改变密切相关。各围隔水体理化因子在实验过程中的变化趋势表明水华微囊藻堆积后在短时间内快速分解（图 3-1）。

3.4.1　水华微囊藻分解过程中细菌数目和群落结构组成的变化

T-RFLP 分析结果表明，在水华微囊藻的堆积、分解过程中来自无水华暴发的贡湖湾湖区水体的浮游、附着细菌的群落结构组均发生了的显著变化，且变化因所添加的水华微囊藻浓度的不同而异。LIBSHUFF 分析结果进一步证实了这一结论（表 3-6）。细菌群落结构的变化不仅表现为某些种群的消失和出现，而且各围隔不同时刻的优势种群也存在变化（图 3-3 和图 3-4，表 3-4 和表 3-5）。已有的研究表明，细菌群落结构组成受 pH（Lindström et al., 2005; Yannarell and Triplett,

2005）、DO（Shade et al., 2008）、DOC（Cole et al., 1982; Riemann et al., 2000; Grossart et al., 2005; Pinhassi et al., 2004; Allers et al., 2008; Kolehmainen et al., 2007; Lymer et al., 2008; Holmfeldt et al., 2009）以及其他多种环境因子的影响（Allgaier et al., 2007）。本章研究的水华微囊藻处理组中的 pH 和 DO 在第 4 天显著降低，而 DOC 急剧增加，这一现象与先前的研究结构一致（de Figueiredo et al., 2006; Mozelaar and Stal, 1994; Alldredge et al., 1993）。CCA 结果显示，pH、DO、DOC 和 Chl *a* 等理化环境因子的改变导致细菌群落结构发生了变化。通过进一步的回归表明，前 3 种理化环境的改变均与 Chl *a* 的变化具有显著性的相关关系，说明这些理化环境的改变主要是水华微囊藻的分解所致(Chen et al., 2010)。此外，异养细菌数目与 DOC 的正相关关系表明微囊藻的分解可以为异养细菌提供碳源，促进其增殖。

有研究报道了微囊藻的表面存在附生菌（Maruyama et al., 2003）。微囊藻的添加可能会向围隔中引入一些对照组中所没有的外来细菌种群，但这并不会立即引起围隔中浮游细菌群落结构的变化。这是由于微囊藻的表面附生菌很难扩散到周围的水体中（Wu et al., 2007a）；本章研究的对照组与微囊藻处理的细菌数目在实验开始时无显著性差异也证实了这一结论（图 3-2）。水华微囊藻的添加可能会对围隔中附着细菌群落结构的组成产生影响。然而，微囊藻处理中附着细菌群落结构在第 1 天和第 4 天存在显著性差异，表明微囊藻的分解确实对附着细菌的群落结构产生了影响。因此，我们推测本章的研究中细菌群落结构的变化主要是由水华微囊藻的分解所致。

3.4.2　水华微囊藻分解过程中放线菌成为优势种群

本章的研究所观察到的细菌群落结构的变化中，值得关注的一点是放线菌目的微球菌亚目细菌在水华微囊藻处理中的变化。在低浓度水华微囊藻处理组（围隔 B）浮游细菌群落中，第 1 天时 *Actinomycetales* 的相对含量为 14.1%，第 4 天其优势度进一步升高至 16.3%。类似地，在高浓度水华微囊藻处理组（围隔 D）中 *Actinomycetales* 的相对含量在第 1 天和第 4 天分别为 13.6%和 21.3%。隶属于 *Actinomycetales* 的序列在许多淡水水体中时有报道（Johnston and Cross, 1976a,1976b; Zwart et al., 2002; Allgaier and Grossart, 2006a, 2006b; Wu et al., 2007a, 2007b; Xing and Kong, 2007; Holmfeldt et al., 2009）。*Actinomycetales* 具有多种多样的生理、代谢功能（Goodfellow and Williams, 1983; Ward and Bora, 2006; Ventura et al., 2007），在水生生态系统的物质循环和能量流动中发挥着重要作用

（Elifantz et al., 2005）。由 Chl *a* 和 Micrococcineae 的负相关关系，我们推测水华微囊藻可能与 Micrococcineae 间存在腐生关系。Yamamoto 等（1998）已经从富营养化湖泊中分离出 83 株可以裂解蓝藻（包括微囊藻）的放线菌，其中有些菌株与本章研究所发现的 Micrococcineae 亲缘关系较近。进一步的进行分离培养和有关生理生化特性的研究，将有助于阐明 Micrococcineae 在水华微囊藻分解和淡水湖泊物质循环中的确切作用。

3.4.3　水华微囊藻堆积、分解过程中军团菌大量出现

本章研究所观察到的另一个值得关注的细菌群落结构变化是 *L. birminghamiensis* 亲缘关系较近的军团菌目细菌的大量出现。虽然 Legionellales 在世界各地淡水水体均有所分布（Fliermans et al., 1981），但是其相对含量没有本章研究中的高。已有的研究表明诸如污水排放（Carvalho et al., 2007）等人为因素可以引发军团菌属（*Legionella*）细菌的大量繁殖（Ortiz-Roque and Hazen, 1987）。*Legionella* 与原生动物间的共生关系也有利其在水生水生态系统中快速占领生态位（Ortiz-Roque and Hazen, 1987）。Tison 等（1980）发现 *L. pneumophila* 在 pH 为 6.9～7.6 的水体中能充分利用蓝藻胞外分泌物作为碳源和能源。尽管我们无法分离这些细菌进行进一步的生理生化研究，但是考虑到许多军团菌目细菌是病原微生物（Wilkinson et al., 1987; Fields et al., 2002），本章研究的结果至少说明 *Legionella* 与微囊藻间存在潜在的滋生关系，这种滋生关系具体如何、其对人类健康危害的风险如何以及 *Legionella* 能否作为富营养化湖泊水质安全指示生物均值得深入研究。

3.5　小　　结

本章的研究表明：

（1）水华微囊藻的堆积、分解对附着、浮游细菌的群落结构组成均有显著性影响，且影响程度因水华微囊藻的生物量不同而异；

（2）水华微囊藻和 Micrococcineae 可能存在腐生关系，水华微囊藻的分解为后者提供了丰富的有机碳源、促进其增殖，而后者的大量繁殖也加速了前者的分解；

（3）富营养化湖泊中水华微囊藻增殖、分解过程中生成的生物质可能对 *Legionella* 具有潜在的滋生作用，亟须进一步阐明。

第 4 章　微囊藻水华干扰后浮游细菌群落结构的恢复性研究

在第 3 章的原位围隔实验中，我们参考不同湖区的微囊藻生物量在围隔中添加不同浓度水华微囊藻模拟微囊藻堆积、分解的过程，以期了解短时间内细菌群落结构对该过程的响应。结果显示，水华微囊藻的堆积、分解对细菌群落结构组成产生了显著影响，且这种影响因水华微囊藻的浓度不同而异。然而，在太湖蓝藻水华暴发期间，水华微囊藻大量堆积在某些湖湾中（表观上厚度可达数厘米），其生物量远远大于上述实验最高浓度处理组中所添加的微囊藻生物量，这往往会引起水体缺氧。现实水体中，在可以引起水体缺氧的高存量水华蓝藻堆积、分解过程中，细菌群落结构又将如何变化？蓝藻水华消退后，细菌群落结构是否能够得以恢复？目前仍不得而知。

4.1　微囊藻水华干扰后浮游细菌群落结构的恢复性研究的重要性

环境中的微生物经常受到各种各样的自然的或人为的干扰（例如飓风、蓝藻水华、工业或农业污水排放、原油泄漏等），了解其受干扰后恢复与否及其机制不仅对了解细菌群落与其生态功能相关性具有重要作用，而且对寻找环境微生物进行污染物的生态修复具有重要的指导意义。该方面的研究正被越来越多的环境微生物工作者所关注（Dorigo et al., 2010）。Dorigo 等在对法国 La Morcille 河的研究中发现，附生于石头上的微生物从农药污染区转移至非污染区后放置 9 周，细菌群落结构与功能均未发生明显变化。Yannarell 等（2007）在对巴哈马的潟湖研究中发现，飓风的作用使水体营养盐组成发生了显著变化，进而使得微生物席（microbial mat）上的微生物群落结构组成在飓风出现前后明显不同，但其功能却未发生显著性变化。为进一步探讨在可以引起水体缺氧的高存量水华微囊藻堆积、分解过程中，浮游细菌群落结构如何变化及其在微囊藻水华消退后的恢复情况，了解细菌群落与其生态功能间的关系，并为探明蓝藻水华生态灾害的基础提供重要的理论基础，本章的研究设置了接近于自然水体的原位、无底大围隔（50m×180m）实验，结合 PCR-DGGE（变性梯度凝胶电泳）和 16S rDNA 克隆文库技术监测了微囊藻水华堆积、分解、消退过程中的浮游细菌群落的变化。

4.2 研究方法

4.2.1 实验设计

本章的研究地点位于太湖东北部的一个较大湖湾——贡湖湾（图 4-1）（31°27′40.5″N, 120°21′32.7″E）。近年来，随着富营养化程度加剧，贡湖水质不断下降，大型水生高等植被不断减少，蓝藻水华频繁暴发，严重影响水源地饮水安全。因此，为应对贡湖锡东水厂水源地蓝藻暴发引起的水污染事件，保障供水安全，在该区域设立了水质改善保护示范区，以进行局部水域治理与水质改善的技术研究。该示范区水域面积约为 0.5 km^2，共设 5 个不同处理的围隔，分别为：A 区，非经典生物操纵区；B 区，人工浮床处理区；C 区，人工附着基质处理区；D 区，经典生物操纵区；E 区，对照区（图 4-1）（张强，2010）。本章的研究在 E 区内的 3 个小围隔（50m×180m）和 B 区内芦苇区中进行。

各围隔上端用上蜡篷布包裹浮体，高度 35 cm，墙布为高密度锦纶布，下端用铁链条固定于底泥中，形成相互独立并且封闭的水域。参照蓝藻水华暴发时该湖区以及岸边芦苇（*Phragmites australis*）区内（Ⅳ号采样点）微囊藻水华的生物量（13554 μg/L），在 E 区内的 3 个小围隔设 3 组处理：①对照组（Ⅰ），不添加水华微囊藻；②低浓度处理（Ⅱ），添加 97 μg/L 水华微囊藻；③高浓度处理（Ⅲ），添加 13012 μg/L 水华微囊藻。

4.2.2 样品的采集和预处理

实验于 2009 年 7 月 16 日至 28 日进行，每次采样均在上午 10 时开始，1～2 h 内完成。每天每个围隔纵向上分 3 个位点，现场使用 YSI6600 多参数水质监测仪（YSI Inc., USA）测定水体温度（temperature, T）、pH、氧化还原电位（conductivity, Cond）、溶解氧（dissolved oxygen, DO）和浊度（turbidity, Turb）。

实验前 2 天（7 月 16 日至 17 日）每天采集一次水样，此后（7 月 19 日至 7 月 28 日）每 2 天采集一次水样。用柱状采水器自水面下 50 cm 处采取水样，每个围隔纵向上分 3 个位点，每点连续采样 3 次，等体积混匀，装入预先灭菌的 1 L 聚丙烯塑料桶中冷藏保存，2 h 内运回实验室做进一步处理。

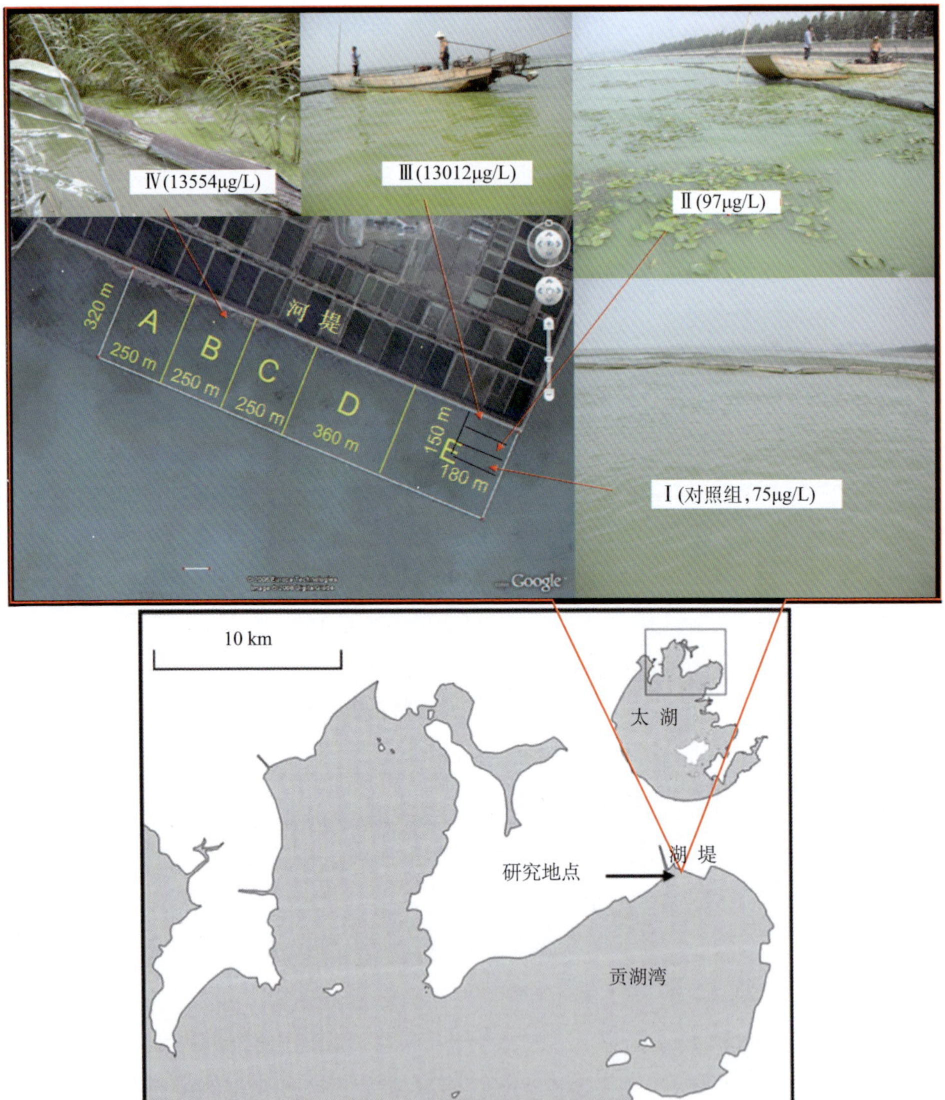

图 4-1　太湖贡湖围隔示意图

4.2.3　样品的处理

水样送至实验室后部分用于化学分析，溶解性有机碳（dissolved organic carbon, DOC）、总氮（total nitrogen, TN）、铵态氮（ammonium, NH_4^+-N）、硝态氮（nitrate, NO_3^--N）、亚硝态氮（nitrite, NO_2^--N）、总磷（total phosphoros, TP）、

正磷酸盐（ortho-phosphoros, PO_4^{3-}-P）和叶绿素 *a*（chlorophyll *a*, Chl *a*）浓度的测定参见标准方法（金相灿和屠清瑛, 1990）。

浮游细菌样本收集：100 mL 水样经孔径为 64 μm 的浮游生物滤网（25 号）过滤去除大型浮游动物及浮游藻类后，再用孔径为 5μm 的滤膜过滤，除去浮游藻类及其他较大的颗粒，获得的滤液负压（＜20 mbar）过滤在孔径为 0.2 μm 的聚碳酸酯膜（Durapore™ Millipore, USA）上（Zwart et al., 2002），以收集浮游细菌。在提取基因组 DNA 前，滤膜保存在–80℃超低温冰箱中。

4.2.4　浮游细菌基因组 DNA 的提取

鉴于本章研究的目的是了解微囊藻水华干扰后浮游细菌群落结构的恢复情况，考虑到Ⅳ号采样点的环境（有芦苇、沉积物地质）不同于 3 个小围隔（Ⅰ、Ⅱ、Ⅲ），本章的研究将不对Ⅳ号采样点的浮游细菌样品进行分析。

用酚-氯仿提取法提取浮游细菌基因组 DNA，具体步骤参见第 2 章。

4.2.5　浮游细菌群落结构 PCR-DGGE 分析

采用细菌 16S rDNA 引物 GC-341f 和 926r（Muyzer et al., 1993；Muyzer and Smalla, 1998）（表 4-1），以样品基因组 DNA 为模板进行 PCR 扩增。50 μL PCR 反应体系组成为：双向引物（10 pmol/L）各 0.5μL，5 μL 的 10×PCR Buffer（Mg^{2+} Free，Takara），3 μL 的 $MgCl_2$（25 mmol/L，Takara），4 μL 的 dNTPs（2.5 mmol/L，Takara），0.5μL 的 Taq DNA 聚合酶（5 U/μL，Takara）和 2 μL 的 DNA 模板，以灭菌去离子水补至 50μL。以相同体积的灭菌去离子水替代模板做阴性对照。为增加 PCR 反应的特异性，采用 Touchdown 程序，共 30 个循环，反应条件为：95℃变性 5 min，94℃ 变性 1 min，65～55℃（每循环下降 1℃，至 56℃，共 10 个循环）退火 30 s，72℃延伸 1 min，采用 55℃退火循环 20 次，最后 72℃延伸 10 min。PCR 产物通过 1.5%的琼脂糖凝胶电泳，Goldview 染色检测 PCR 反应扩增效果。

表 4-1　用于 DGGE 的 PCR 引物序列

引物名称	序列（5′—— 3′）	特异性
GC*-341f	CCTACGGGAGGCAGCAG	细菌
926r	CCGTCAATTCCTTTGAGTTT	细菌

* GC：5′-CGCCCGCCGCGCGCGGCGGGCGGGGCGGGGGCACGGGGGG，位于前向引物 341f 的 5′ 端

采用美国 CBS 公司电泳仪（DGGE-2001）进行变性梯度凝胶电泳。使用梯度混合器制作浓度 6%的聚丙烯酰胺变性胶，选用的变性梯度为 40%～70%（100%变性剂含有 7 mol/L 尿素和体积分数 40%的去离子甲酰胺），两种变性浓度的丙烯酰胺溶液各 14 mL，分别加入 8 μL 的 TEMED 和 160 μL 的 10% APS。电泳缓冲液为 1×TAE（20mmol/L Tris，10 mmol/L acetate，0.5 mmol/L EDTA, pH 8.0）。60℃，恒压 100 V，电泳 16～18 h。电泳结束后 DGGE 胶用 SYBR GREEN Ⅰ（1∶10000 稀释），避光染色 20～40 min，Omega10^{TM} 全自动多功能凝胶成像分析系统拍照。

4.2.6　克隆文库的构建、构建系统进化树

根据各围隔环境因子变化情况和浮游细菌群落结构组成的 DGGE 分析结果，共选取 7 个样品构建克隆文库，分别为第 0、3 和 12 天的样品。鉴于细菌 16S rDNA 进化速率慢的特点，通常并不需要测定其全序列，而只需获得包括一个以上高变区和保守区的序列片段，即可确定该序列所属的分类地位（Hugenholtz et al., 1998）。本章的研究选取浮游细菌 16S rDNA V3～V6 区的序列作为克隆片段，PCR 扩增所用引物对为 341f/926r（表 4-1），反应程序与 DGGE 分析一致。用琼脂糖凝胶电泳检测扩增结果，切胶回收目的片段，然后再用 Promega 公司（美国）生产的 pGEM-T Easy TA 克隆试剂盒构建 16S rDNA 克隆文库，具体步骤参见第 2 章。

对阳性重组质粒用载体引物 T7，委托上海英俊生物科技有限公司在 ABI3730 自动 DNA 测序仪上进行测序，测序有效长度约为 600 bp。所测序列经 Mallard 软件进行 Chimera 检测（Ashelford et al., 2006），舍弃 Chimera。将无问题序列与 GenBank 中已有序列进行比对（http://blast.ncbi.nlm.nih.gov/Blast.cgi）以初步确定所测序列的分类地位，获取同源性较高的相关菌株的 16S rRNA 基因序列。再用 MEGA 4.0 软件（Tamura et al., 2007），用邻接法（neighbor-joining method, N-J 法）构建系统进化树以确定所测序列的分类地位。

4.2.7　统计分析

1. 细菌群落结构多样性指数的计算

采用 GelCompar Ⅱ 软件对 DGGE 电泳照片进行分析，比较各条带电泳迁移的相对位置，识别条带在泳道中的相对含量，以每个条带在样品中的相对含量生成矩阵，不计含量低于 1%的条带。

根据各样品检测到的 DGGE 条带数及各条带的相对含量，分别计算浮游细菌群落的 Shannon-Wiener 指数（H'）、Simpson 指数（D）和 Pielou 指数（J），各多样性指数计算公式均与第 3 章相同。

采用配对 t 检验（paired-samples t-test）分别比较浮游细菌 DGGE 条带数、Shannon-Wiener 指数、Simpson 指数和 Pielou 指数在不同处理间是否存在显著差异。

2. 克隆文库多样性及代表性分析

序列根据 97%的相似度分为不同的类群，Shannon-Wiener 指数（H'）、Simpson 指数（D）分别反映克隆文库中 DNA 序列的多样性、物种优势度。

克隆文库覆盖率（coverage value）的计算公式（Good, 1953）为

$$C = 1 - N_c / N$$

式中，N_c 代表文库中 OTUs 的类型数；N 表示 16S rDNA 文库阳性克隆总数。

采用稀薄度分析（rarefaction analysis）评价克隆文库中 OTUs 的代表性，使用 mothur 软件绘制稀薄曲线（rarefaction curve）（Schloss et al., 2009）。

3. 细菌群落结构多样性比较

将 DGGE 电泳图谱转化为由 0 和 1 组成的二元矩阵，在 primer5 软件上采用 Bray Curtis 相似性分析比较浮游细菌群落基因组成的相似性及不同基因型的动态变化。采用典范对应分析（canonical correspondence analysis，CCA）研究浮游细菌与环境理化因子的相关性，CCA 使用 CANOCO 4.5 for Windows 软件（Microcomputer Power, USA）。

使用 LIBSHUFF 程序分析本研究所建克隆文库间差异的显著性（Schloss et al., 2009）。

4.3 研究结果

4.3.1 各围隔中理化环境因子的变化

除温度外，在本实验刚开始和后期各围隔中各理化环境因子的差异较小，在实验中期阶段（即水华微囊藻分解过程中）高浓度处理组（围隔III）的各理化环境因子明显不同于其他围隔（图 4-2）。本实验过程水温为 27℃～34℃（图 4-2（a））。随着实验的进行，各围隔水体的叶绿素 a 浓度在第 3 天后急剧降低，且于第 9 天

后各围隔叶绿素 *a* 含量趋于接近（图 4-2（c））。实验刚开始时（第 0 天）各围隔的电导率差异较小，第 1 天后高浓度处理组中电导率明显升高且高于其他各围隔，随着实验的进行，第 8 天后各围隔的电导率也趋于接近（图 4-2（b））。类似地，随着水华微囊藻的腐烂、分解，高浓度处理组中的溶解性有机碳、总氮、总磷、正磷酸盐和铵态氮（ammonium, NH_4^+-N）浓度在第 9 天前均最高，第 9 天后各围隔差异较小（图 4-2（d）、（e）、（f）、（i）和（j））。而高浓度处理组中的溶解氧浓度和 pH 在实验开始后均急剧降低，在第 8 天前形成一个缺氧、偏酸的环境（DO＜0.5 mg/L，pH＜7），第 9 天后迅速升高并接近其他各围隔中的浓度（图 4-2（k）

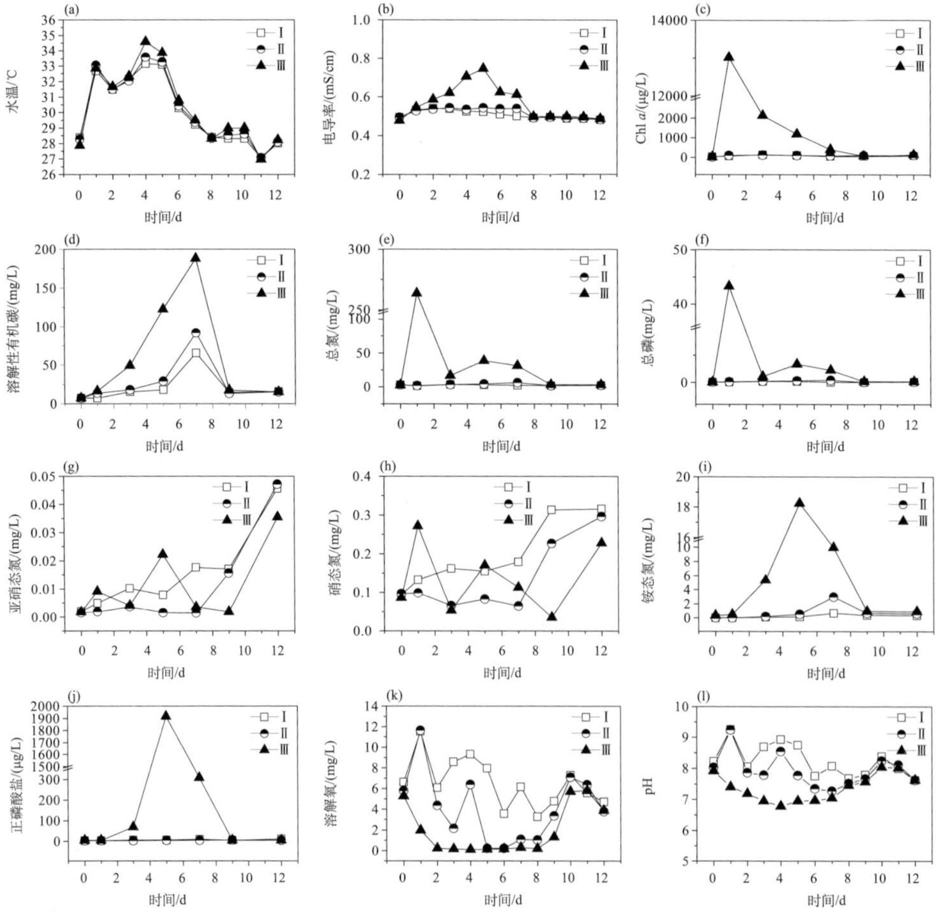

图 4-2　各围隔中水温（a）、电导率（b）、叶绿素 *a*（c）、溶解性有机碳（d）、总氮（e）、总磷（f）、亚硝态氮（g）、硝态氮（h）、铵态氮（i）、正磷酸盐（j）、溶解氧（k）和 pH（l）的变化趋势

和（l））。高浓度处理组中硝态氮（nitrate，NO_3^--N）和亚硝态氮（nitrite，NO_2^--N）浓度的变化较复杂：实验开始后升高到最高（分别为 0.27mg/L 和 0.022 mg/L），此后于第 9 天时下降到最低（分别为 0.035 mg/L 和 0.0018 mg/L），该时刻后迅速再一次升高并接近其他各围隔水平（图 4-2（g）和（h））。

4.3.2　PCR-DGGE 分析的浮游细菌群落结构变化

1. PCR-DGGE 分析的浮游细菌种群基因组成变化

PCR-DGGE 分析表明，各围隔中浮游细菌的群落结构组成（DGGE 条带数量和位置）均随着实验的进行发生变化，且变化因水体水华微囊藻的浓度不同而异（图 4-3）。实验开始时（第 0 天），围隔中浮游细菌共发现 24 条 DGGE 条带。此后，对照组中（围隔Ⅰ）浮游细菌 DGGE 条带数虽然有变化，但变化幅度较小（最低为 17 条，最高为 23 条，平均为 20.9 条）（图 4-4（a））；低浓度藻处理组（围隔Ⅱ）DGGE 条带数在第 3 天增加到最多（27 条），然后于第 5 天减少至最少（15 条），第 7 天后逐渐增加且与对照组差异较小（图 4-4（a））；而高浓度藻处理组（围隔III）中的 DGGE 条带数自实验开始后逐渐减少，并于第 5 天减少至最少（15 条），第 7 天时增加到最多的 25 条，该时刻后又减少且在第 12 天时与对照组相同（图 4-4（a））。

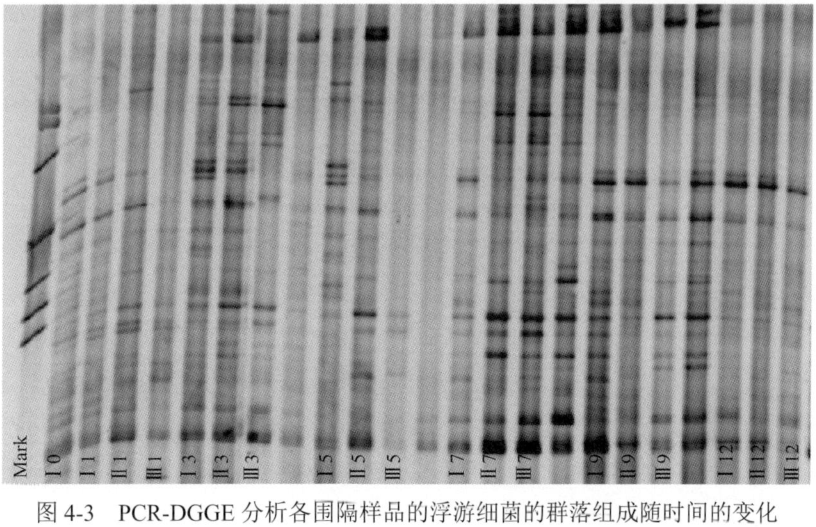

图 4-3　PCR-DGGE 分析各围隔样品的浮游细菌的群落组成随时间的变化

2. PCR-DGGE 分析的浮游细菌种群多样性指数变化

随着 DGGE 条带的增减，各围隔浮游细菌的 Shannon-Wiener 指数、Pielou 指

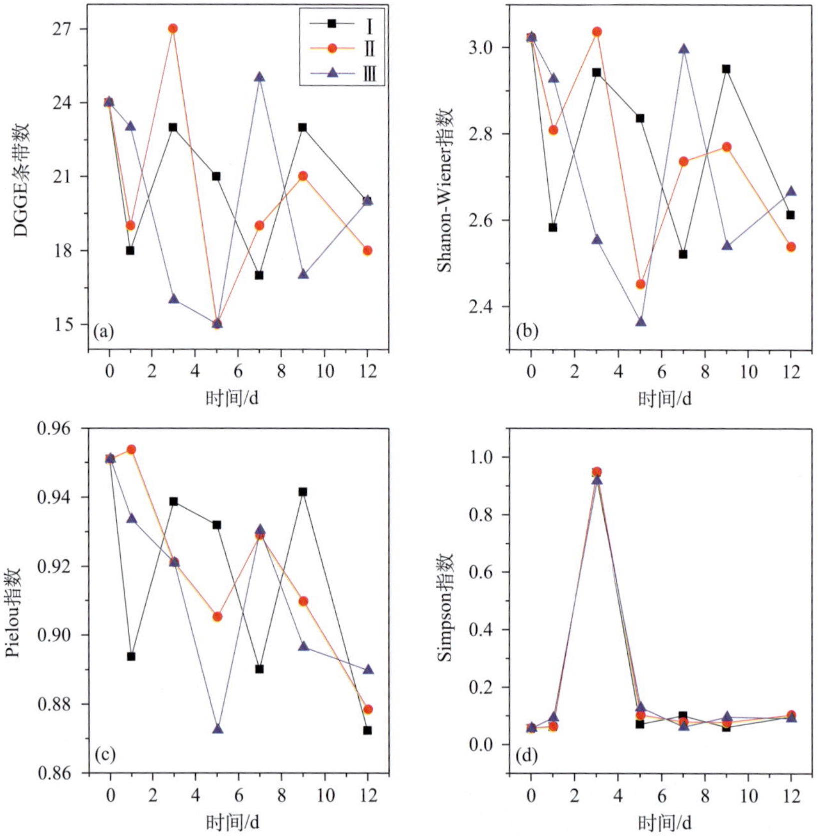

图 4-4　各围隔中浮游细菌群落 DGGE 条带数（a）、Shannon-Wiener 指数（b）、Pielou 指数（c）和 Simpson 指数（d）随时间的变化

数和 Simpson 指数也发生了相应变化。实验开始时（第 0 天），围隔中浮游细 Shannon-Wiener 指数为 3.02。此后，对照组中浮游细菌 Shannon-Wiener 指数在 2.52～2.94 波动（平均为 2.78）（图 4-4（b））；低浓度藻处理组变化较大，Shannon-Wiener 指数波动范围为 2.45～3.03（平均为 2.77）（图 4-4（b））；而高浓度藻处理组自实验开始后逐渐减少，并于第 5 天减小至最小（2.36），第 7 天时增加到最高的 2.99，该时刻后减少且在第 12 天时与其余两处理组差异较小（图 4-4（b））。与 Shannon-Wiener 指数变化规律类似，对照组中浮游细菌的 Pielou 指数在本实验过程中围绕其平均值 0.92 上下波动，两处理组 Pielou 指数变化较大且均在第 12 天时接近对照组大小（图 4-4（c））。而各围隔的 Simpson 指数变化规律基本一致，即在第 3 天升高到最大后迅速降低，并维持在最初水平（图 4-4（d））。

3. PCR-DGGE 分析的浮游细菌群落结构组成相似性

基于 DGGE 电泳图谱的聚类分析表明，随着实验的进行，各围隔的浮游细菌群落结构组成均发生了明显变化，第 12 天时各围隔浮游细菌群落结构组成相似性增高。第 1 天时，对照组浮游细菌群落结构变化较小，而两处理组变化较大且二者间也存在明显差异；此后各围隔浮游细菌群落结构组成均发生了变化且各围隔间差异增大；而第 12 天时各围隔浮游细菌群落结构组成又趋于相近（图 4-5）。

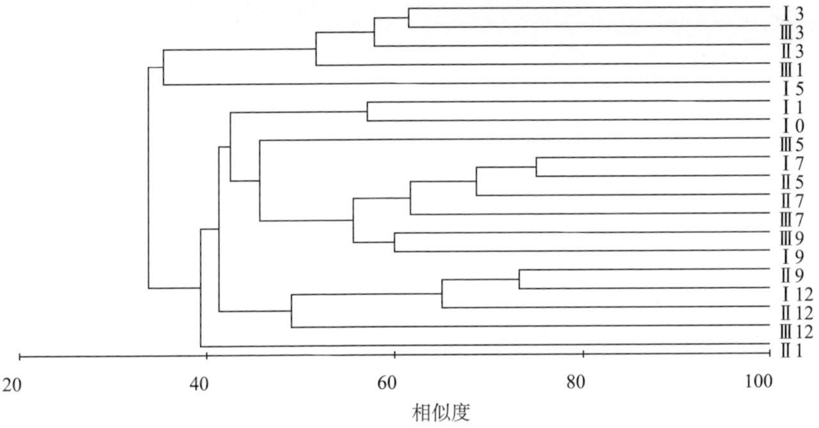

图 4-5 浮游细菌 DGGE 聚类分析

4.3.3 16 S rDNA 克隆文库分析的浮游细菌群落结构变化

1. TA 克隆及阳性克隆的筛选

对选取的 3 个时刻（第 0、3 和 12 天）7 个样本（表 4-2）进行 PCR 扩增后获得的 16S rDNA 片段，经 1.5%琼脂糖电泳纯化后用于 TA 克隆。挑取平板培养基上的白色菌落，采用 PCR 法确认载体中插入片段的长度，排除其中的假阳性克隆。经过 PCR 验证后，7 个样品共获得 785 个阳性克隆，其中第 0 天时（Ⅰ0）120 个，第 3 天时对照组（Ⅰ3）、低浓度藻处理组（Ⅱ3）、高浓度藻处理组（III3）分别为 108 个、124 个、113 个，第 12 天时三个围隔（Ⅰ12、Ⅱ12、III12）分别为 115 个、99 个、106 个（表 4-2）。785 个克隆可归为 281 类 OTUs，其中第 0 天时（Ⅰ0）45 类，第 3 天时三个围隔（Ⅰ3、Ⅱ3、III3）分别含 73 类、80 类、50 类，第 12 天时三个围隔（Ⅰ12、Ⅱ12、III3）分别为 60 类、50 类、49 类（表 4-2）。

表 4-2　浮游细菌样品 16S rDNA 克隆文库多样性

样品	克隆数	OTUs 数	覆盖率/%	Shannon-Wiener 指数	Simpson 指数
Ⅰ0	120	45	62.5	3.340709	0.043417
Ⅰ3	108	73	32.4	4.072190	0.013499
Ⅱ3	124	80	35.5	4.189127	0.011408
Ⅲ3	113	50	55.8	3.409703	0.043300
Ⅰ12	115	60	47.8	3.727469	0.028375
Ⅱ12	99	50	49.5	3.579430	0.029685
Ⅲ12	106	49	53.8	3.560223	0.029650

克隆文库的覆盖率常用于表征样品中微生物种类的覆盖程度。本章研究构建的 7 个克隆文库中，Ⅰ0、Ⅲ3 和Ⅲ12 克隆文库的覆盖率均大于 50.0%，Ⅰ12 和Ⅱ12 的覆盖率分别为 47.8%和 49.5%，而Ⅰ3 和Ⅱ3 的覆盖率较低，分别为 32.4%和 35.5%（表 4-2）。对各克隆文库绘制稀薄度曲线，结果显示，随着克隆数量的增加Ⅰ3 和Ⅱ3 中 OTUs 类型增大的趋势明显，说明该样品细菌多样性较高，克隆文库的代表性较差；其他样品增长趋于平缓，表明克隆文库能够反映样品中大部分细菌的多样性（图 4-6）。

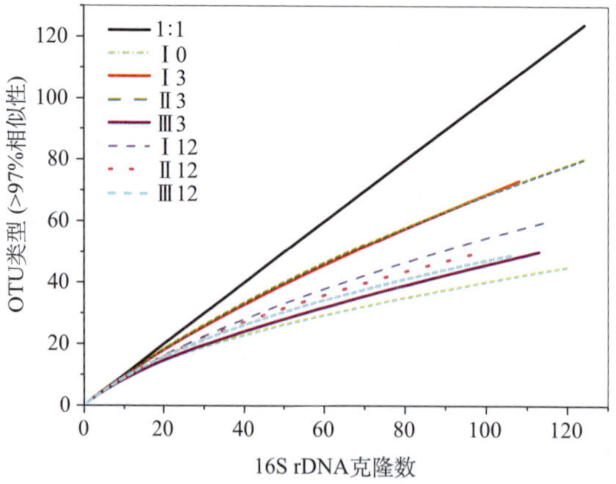

图 4-6　克隆文库中的种系型稀薄度曲线

2. 测序结果与 GenBank 中已知序列的比对结果

基于细菌 16S rDNA 序列的网络数据库（Wang et al., 2007）（http://rdp.cme.msu.edu/classifier/classifier.jsp）的比对分析，克隆文库中的 DNA 序列主要隶属于

变形菌门的 α-、β-、γ-、δ-和 ε-亚纲（alpha-, beta-, gamma-, delta-, and epsilon-subdivision of Proteobacteria）、放线菌门（Actinobacteria）、拟杆菌门（Bacteriodetes）、厚壁菌门（Firmicutes）、异常球菌–栖热菌门（Deinococcus-Thermus）、酸杆菌门（Acidobacteria）、浮霉菌门（Planctomycetes）、疣微菌门（Verrucomicrobia）以及芽单胞菌门（Gemmatimonadetes）13 大类群。进一步的分析显示，属于 α-Proteobacteria 的序列主要为新鞘脂菌属（*Novosphingobium*）、鞘脂单胞菌属（*Sphingomonas*）、短波单胞菌属（*Brevundimonas*）、根瘤菌属（*Rhizobium*）和红杆菌属（*Rhodobacter*）。属于 β-Proteobacteria 的序列主要为氢噬胞菌属（*Hydrogenophaga*）、食酸菌属（*Acidovorax*）、*Malikia*、*Dechloromonas* 和福格斯氏菌属（*Vogesella*）。属于 γ-Proteobacteria 的序列主要为假单胞菌属（*Pseudomonas*）和军团菌属（*Legionella*）。属于拟杆菌门（Bacteriodetes）的克隆主要为黄杆菌目（Flavobacteriales）的黄杆菌属（*Flavobacterium*）和 *Cloacibacterium*、鞘脂杆菌纲（Sphingobacteria）的 *Runella* 和 *Lacibacter*。属于厚壁菌门的克隆主要为梭菌目（Clostridiales）的醋弧菌属（*Acetivibrio*）以及未知具体分类单位的梭菌。属于异常球菌–栖热菌门的克隆主要为异常球菌属（*Deinococcus*）。由于环境中多数的 Actinobacteria 未获得分离培养，因此对测序的结果尚无法确定其详细分类地位：属于放线菌门克隆的主要为放线菌亚纲（Actinobacteridae）中的微球菌亚目（Micrococcineae）和酸微菌亚纲（Acidimicrobidae）。

3. 各样品中细菌种类的组成状况

第 0 天样品（Ⅰ0）共检测得 120 条序列，其中有 71 条属于 Actinobacteria，占序列总数的 59.2%。另外，分别有 13 条、8 条和 9 条序列属于 α-Proteobacteria、β-Proteobacteria 和 Cyanobacteria，分别占该样品序列总数的 10.9%、6.7%和 7.5%。在该样品中仅发现 2 条序列属于 Gammaproteobacteria，占总序列数的 1.7%；属于 Acidobacteria、Bacteroidetes、绿弯菌门（Chloroflexi）、Firmicutes 和 Planctomycetes 的序列均只有 1 条，仅占该样品总序列数的 0.8%（图 4-7）。

围隔Ⅰ第 3 天样品（Ⅰ3）共检测得 108 条序列，其中有 37 条属于 β-Proteobacteria，占序列总数的 34.3%。另外，分别有 22 条、17 条和 9 条序列属于 Actinobacteria、Bacteroidetes 和 α-Proteobacteria，分别占该样品序列总数的 20.4%、15.7%和 11.1%。在该样品中仅发现 3 条序列属于 Gammaproteobacteria，占总序列数的 2.8%；属于 Firmicutes 的序列只有 2 条，仅占该样品总序列数的 1.9%

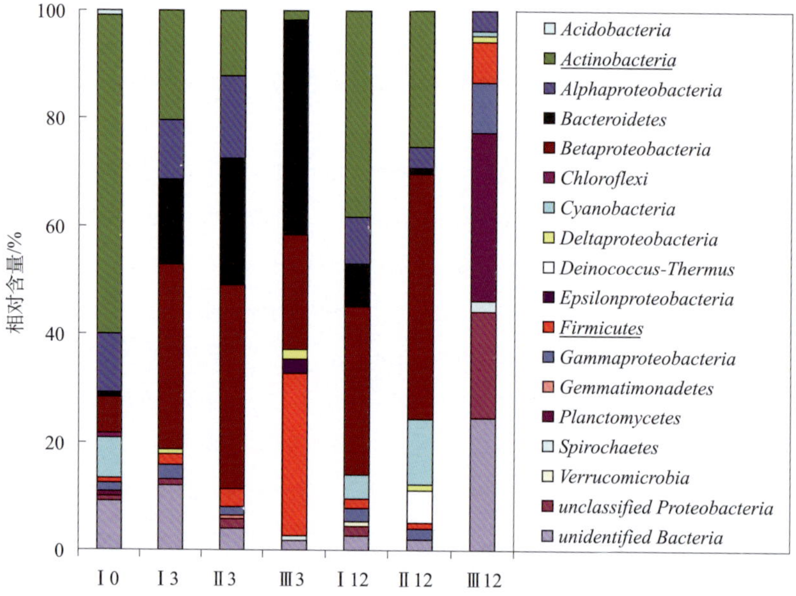

图 4-7　不同克隆文库细菌主要类群的比较

相对含量变化较大的已用下划线标注

（图 4-7）。围隔Ⅰ第 12 天样品（Ⅰ12）所测得的 115 条序列中，分别有 44 条、37 条序列属于 Actinobacteria、*β*-Proteobacteria，占序列总数的 38.3%、31.3%。另外，分别有 9 条、5 条序列属于 Bacteroidetes、Cyanobacteria，分别占该样品序列总数的 7.8%、4.3%。在该样品中仅发现 3 条序列属于 Gammaproteobacteria，占总序列数的 2.6%；属于 Firmicutes 的序列只有 2 条，仅占该样品总序列数的 1.7%（图 4-7）。

围隔Ⅱ第 3 天样品（Ⅱ3）共检测得 124 条序列，其中有 47 条属于 *β*-Proteobacteria，占序列总数的 37.9%。另外，分别有 29 条、19 条和 15 条序列属于 Bacteroidetes、*α*-Proteobacteria 和 Actinobacteria，分别占该样品序列总数的 23.4%、15.3%和 12.1%。在该样品中发现 4 条属于 Firmicutes 的序列，仅占该样品总序列数的 3.2%；2 条序列属于 Gammaproteobacteria，占总序列数的 1.6%；属于芽单胞菌门（Gemmatimonadetes）的序列只有 1 条，仅占该样品总序列数的 0.8%（图 4-7）。该围隔第 12 天样品（Ⅱ12）所测得的 99 条序列中，分别有 45 条序列属于 *β*-Proteobacteria，占序列总数的 45.5%。另外，分别有 25 条、12 条、6 条和 4 条序列属于 Actinobacteria、Cyanobacteria、异常球菌-栖热菌门和 *α*-Proteobacteria，分别占该样品序列总数的 25.3%、12.1%、6.1%和 4.0%。在该样品中仅发现 2 条序列属于 Gammaproteobacteria，占总序列数的 2.0%；属于 Firmicutes、Bacteroidetes 和 δ-Proteobacteria 的序列均只有 1 条，仅占该样品总序列数的 1.0%（图 4-7）。

围隔III第 3 天样品（III3）共检测到 113 条序列，其中分别有 45 条、34 条和 24 条属于 Bacteroidetes、Firmicutes 和 β-Proteobacteria，分别占序列总数的 39.8%、30.1%和 21.2%。另外，在该样品中仅发现 3 条属于 ε-Proteobacteria 的序列，占总序列数的 2.7%；属于 α-Proteobacteria 和 Actinobacteria 的序列均有 2 条，均占该样品序列总数的 1.8%（图 4-7）。该围隔第 12 天样品（III12）所测得的 106 条序列中，分别有 33 条、26 条和 21 条序列属于 β-Proteobacteria、Actinobacteria 和 α-Proteobacteria，分别占序列总数的 31.1%、24.5%和 19.8%。另外，分别有 10 条和 8 条序列属于 Cyanobacteria 和异常球菌-栖热菌门，分别占该样品序列总数的 9.4%和 7.5%。在该样品中仅发现 2 条序列属于 Bacteroidetes，1 条序列属于 Firmicutes，分别仅占该样品总序列数的 1.9%和 0.9%（图 4-7）。

4. 克隆文库组成的比较

1）同一围隔不同时间的比较

第 0 天时，围隔中 Actinobacteria 优势最明显，占序列总数的 59.2%；其次分别为 α-Proteobacteria、β-Proteobacteria，分别占该样品序列总数的 10.9%、6.7%；并发现极少量的 Gammaproteobacteria、Acidobacteria、Bacteroidetes、绿弯菌门、Firmicutes 和 Planctomycetes（相对含量均小于 2%）。随着实验的进行，各围隔中浮游细菌群落结构均发生了变化。

在围隔 I，第 3 天样品中 β-Proteobacteria 和 Bacteroidetes 的相对含量均迅速升高，分别占 34.3%和 15.7%；α-Proteobacteria 的优势度也有所升高但增加的幅度较小（从 10.9%增加到 11.1%）；而 Actinobacteria 的相对含量却从 59.2%急剧减小到 20.4%。先前发现 Acidobacteria、Bacteroidetes、绿弯菌门和 Planctomycete 在该时刻均未检测到。第 12 天时，Actinobacteria 和 β-Proteobacteria 的优势度最明显，相对含量分别为 38.3%和 31.3%。Bacteroidetes 的相对含量降低到 7.8%；而 Gammaproteobacteria 和 Firmicutes 的相对含量无明显变化。

在围隔 II，第 3 天样品中 β-Proteobacteria 和 Bacteroidetes 的优势度明显升高，分别占序列总数的 37.9%、23.4%；α-Proteobacteria 的优势度也有所升高但幅度相对较小，为 15.3%；而 Actinobacteria 的优势度却降低，占该样品序列总数的 12.1%。另外，Firmicutes 的相对含量升高到 3.2%；该时刻发现的芽单胞菌门

（Gemmatimonadetes）未在前一时刻检测到。第 12 天时，β-Proteobacteria 的优势度进一步增强，占序列总数的 45.5%；Actinobacteria 的优势度也有所增强，相对含量为 25.3%；而 α-Proteobacteria、Bacteroidetes 的相对含量却分别下降到 4.0%、1.0%。另外，相对含量为 6.1%异常球菌-栖热菌门在先前两时刻均未发现。

在围隔III，第 3 天样品（III3）中，变化最明显的是 Bacteroidetes 和 Firmicutes 的相对含量，均迅速增大，分别占 39.8%和 30.1%；β-Proteobacteria 的相对含量也增大到 21.2%，成为该时刻相对含量最高的 3 类菌群之一；而 α-Proteobacteria 和 Actinobacteria 的相对含量均减小至 1.8%。此外，该样品新发现的 ε-Proteobacteria 的相对含量为 2.7%。第 12 天时，该围隔中 Actinobacteria 和 α-Proteobacteria 的相对含量均急剧升高，分别占到 24.5%和 19.8%；β-Proteobacteria 的相对含量也有所升高，但变化幅度相对较小（由 21.2%升高到 31.1%）；而 Firmicutes 的相对含量却迅速降低到 0.9%。另外，异常球菌-栖热菌门为新发现的种群，其相对含量为 7.5%。

2）同一时间不同围隔的比较

第 0 天时，各围隔各水化指标基本一致，预实验也表明该时刻 3 个围隔浮游细菌群落结构无明显差异。

第 3 天时，在各围隔中，β-Proteobacteria 和 Bacteroidetes 均为主要的优势种，且前者在围隔 II 中最显著，围隔 I 中次之，围隔III中相对最不明显，而后者在三个围隔中优势度由强到弱的顺序为围隔III、围隔 II 、围隔 I ；Actinobacteria 和 α-Proteobacteria 在围隔 I 和围隔 II 中均为优势种，且 Actinobacteria 在围隔 I 中更显著，而 α-Proteobacteria 在围隔 II 中更显著；Firmicutes 在围隔III中主要的优势种，而在其余两个围隔中相对含量较少。

第 12 天时，各围隔的浮游细菌群落结构差异较小，主要的优势种均为 Actinobacteria 和 β-Proteobacteria，但二者在各围隔的优势度有所差异：前者在围隔 I 中最显著，围隔 II 中次之，围隔III中相对最不明显，而后者在三个围隔中优势度由强到弱的顺序为围隔 II 、围隔 I 、围隔III。此外，Deinococcus-Thermus 在围隔 II 中和围隔III中均有所发现且相对含量较低，而在围隔 I 未检测到。

3）克隆文库的差异性比较

LIBSHUFF 分析结果显示，所建的 7 个克隆库中除第 12 天的 3 个样品外各克隆文库间均具有显著性差异（表 4-3）。这一结果表明，在水华微囊藻的堆积、分解过程中浮游细菌群落结构发生了剧烈变化且变化因所加藻浓度的不同而异，蓝藻消退后（第 12 天）各围隔中浮游细菌群落结构未恢复到实验开始（第 0 天）时的状态，但该时刻各围隔浮游细菌的群落结构组成类似。

表 4-3　所建克隆文库间的比较

样品	Ⅰ0	Ⅰ3	Ⅱ3	Ⅲ3	Ⅰ12	Ⅱ12	Ⅲ12
Ⅰ0	—						
Ⅰ3	<0.0001	—					
Ⅱ3	<0.0001	<0.0001	—				
Ⅲ3	<0.0001	<0.0001	<0.0001	—			
Ⅰ12	<0.0001	0.0014	<0.0001	<0.0001	—		
Ⅱ12	<0.0001	<0.0001	<0.0001	<0.0001	0.0153	—	
Ⅲ12	<0.0001	<0.0001	<0.0001	<0.0001	0.003	0.0583	—

注：*P* 值小于 0.0019（e.g. 0.05/42 = 0.0019; Schloss et al., 2009）的克隆文库间具有显著性差异

4.3.4　浮游细菌群落与环境因子的相关分析

采用多变量统计分析环境因子与浮游细菌群落组成变化的相关性。将 DGGE 结果转化为 0/1 矩阵，环境因子中除温度（*T*）和 pH 外均经过 log（*x*+1）转换。根据 DCA（detrended correspondence analysis）结果显示，样品矩阵第一轴和第二轴的长度均大于 2，因此本章的研究假定物种与环境间具有非线性的相关关系，选择典范对应分析（canonical correspondence analysis, CCA）来计算环境因子与细菌群落组成变化的相关性。在选取的 12 个环境因子中，CCA 结果显示 TN、TP、pH、Cond、*T* 及叶绿素 *a* 浓度（Chl *a*）的 inflation factor 均大于 20，表明这 6 个环境因子的变化可能存在明显的依数性。如果将前 4 个环境因子除去，*T* 及叶绿素 *a* 浓度的 inflation factor 即小于 20。通过对环境因子的 Monte Carlo permutation test 表明，所测环境因子中 Chl *a*、亚硝态氮（NO_2^--N）、*T* 和 DO 与浮游细菌变化显著相关（$P<0.05$），因此，进行只包含 Chl *a*、亚硝态氮（NO_2^--N）、*T* 和 DO 4 个环境因子的 CCA 分析。CCA 结果显示，前两轴的特征值较高，分别为 0.214 和 0.181（表 4-4），表明二者均重要。前两轴一共解释 19.4%的浮游细菌属种数据变化，所有四个轴一共解释 29.8%；细菌种类与水体理化因子在前两个排序轴上的累计变化率达到 65.2%，在 4 个轴上累计变化率达到 100%，表明本章的研究选取的环境因子与浮游细菌群落的动态变化具有很好的相关性，前两个排序轴足以反映细菌同环境因子变化的相关趋势。Chl *a* 和 *T* 与第一轴的相关性较高，分别为 0.8252 和 0.2371；NO_2^--N 和 DO 与第二轴的相关性较高，分别为 0.7302 和

–0.5065。图 4-8 是由 A1 和 A2 轴生成的二维图，同时标明各样品及 Chl *a*、亚硝态氮（NO_2^--N）、*T* 和 DO 的变化趋势。

表 4-4　理化环境因子与浮游细菌群落 CCA 结果

轴	A1	A2	A3	A4	总变化率/%
特征值	0.214	0.181	0.123	0.088	2.036
物种环境相关性	0.912	0.952	0.874	0.891	—
累计百分比变化率					
物种数据	10.5	19.4	25.4	29.8	—
种-环境相关性	35.3	65.2	85.4	100.0	—
总典型特征值	—	—	—	—	0.606

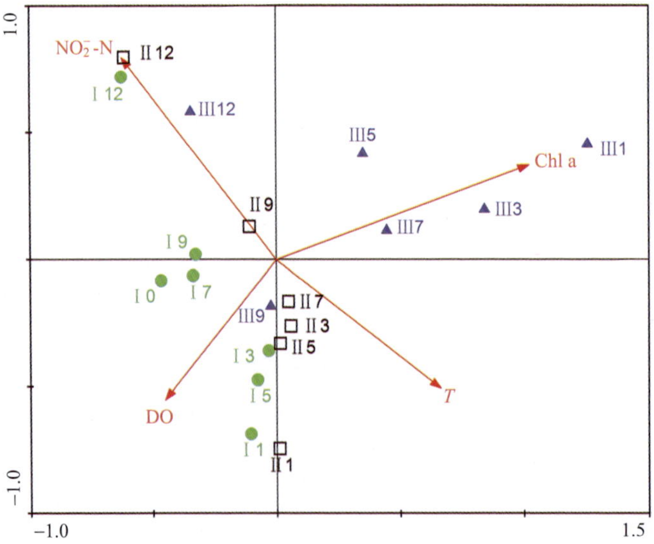

图 4-8　各围隔理化环境因子与浮游细菌群落 CCA 分析

I 是空白对照，没有加 *Microcystis*；II 为低浓度处理组，添加了 97 μg/L 的 *Microcystis*；III为高浓度处理组，添加了 3012 μg/L 的 *Microcystis*

4.4　讨　　论

本章的研究设置了接近于自然水体的原位、无底、大围隔（180m×50m）实验，结合 DGGE（变性梯度凝胶电泳）和 16S rDNA 克隆文库技术对高存量的蓝藻水华堆积、分解、消退过程中细菌群落的变化进行了为期 13 天的监测，以期了解可引起水体缺氧的、高存量蓝藻水华堆积、分解、消退过程中细菌群落结构的变化及其恢复情况，为探明蓝藻水华生态灾害以及细菌群落结构与其生态功能相关性提供重要的理论基础。各围隔水体理化因子在本实验过程中的变化趋势表明水华微囊藻堆积后在短时间内分解、消退（图 4-2）。

4.4.1 高存量蓝藻水华堆积、分解、消退过程中水体理化环境因子的变化

Chen 等（2010）以及本书第 3 章的研究均表明，蓝藻水华堆积后可以在短时间内迅速分解，在第 4 天时水体溶解氧浓度下降到最低水平（1.0 mg/L）。本章研究中各围隔水体的叶绿素 *a* 浓度在第 3 天后急剧降低，进一步证实了在接近自然状况的水体中蓝藻水华堆积后即在短时间内迅速分解；然而，本章研究中高浓度处理组（围隔III）中的溶解氧浓度在第 2 天时即下降到 0.5 mg /L 以下，且一直维持到第 8 天，表明高存量蓝藻水华的堆积、分解使水体 DO 下降得更快、更低。随着实验进行，各围隔叶绿素 *a* 含量第 9 天后趋于接近，并于第 12 天时基本相当；除硝态氮和亚硝态氮浓度外，各围隔其余理化环境因子在第 12 天时均基本相同，且接近与第 0 天时的水平（图 4-2），表明蓝藻消退后，这些环境因子在本实验结束时恢复到了蓝藻堆积前的水平，而硝态氮和亚硝态氮浓度能否恢复或需要多久恢复有待进一步研究。

4.4.2 高存量蓝藻水华堆积、分解过程中浮游细菌群落结构的变化

本章的研究 DGGE 分析结果表明，在蓝藻水华的堆积、分解过程中，各围隔尤其是高浓度处理组（围隔III）水体的浮游细菌群落结构均发生了变化（图 4-3 和图 4-5）。LIBSHUFF 分析结果进一步证实了这一结论（表 4-2）。围隔III中，在第 2 天至第 8 天时严重缺氧（＜0.5 mg/L）的环境为 Firmicutes 的快速增长提供了有利的生长条件：第 3 天时，Firmicutes 的相对含量由第一天的 0.8%均迅速增大到 30.1%，成为该时刻相对含量最高的 3 类菌群之一。进一步分析表明 Firmicutes 主要为梭菌目（Clostridiales）的醋弧菌属（*Acetivibrio*）细菌以及未知具体分类单位的梭菌。已有的研究表明，梭菌是一群兼性厌氧菌，可以分解多种有机物（Lynd et al., 2002; Murashima et al., 2002; Ren et al., 2007; Seedorf et al., 2008）；有研究表明 *Acetivibrio cellulolyticus* 可以合成纤维素酶，以有效的分解纤维素（Khan, 1980; Patel et al., 1980; Saddler and Khan, 1981）；最近的室内实验表明梭菌属的新种群参与了水华微囊藻的厌氧分解（Xing et al., 2011），本章研究的野外原

位模拟实验结果不仅证实了这一结论，而且表明野外水体中有多种梭菌参与了蓝藻水华在严重缺氧情况下的分解。然而，本章研究中所发现的梭菌具体的分类地位及其作用有待分离培养，并进行进一步生理、生化研究。

而在蓝藻水华的堆积、分解过程中，低浓度处理组（围隔Ⅱ）和对照组（围隔Ⅰ）水体的浮游细菌群落结构变化与第 3 章的结构具有一定相似性。第 3 章的原位小围隔实验表明，低浓度水华微囊藻（113 μg/L）处理组和高浓度水华微囊藻（3217 μg/L）处理组中隶属于 Actinomycetales 的 Micrococcineae 以及军团菌属（*Legionella*）的 *birminghamiensis* 的相对含量均较高，Chl *a* 和 Micrococcineae 负相关关系显示它们之间存在腐生关系，微囊藻在增殖、分解过程中产生的生物物质对 *Legionella* 有一定的滋生作用。类似地，本实验第 3 天时，虽然 Actinobacteria（主要为 Micrococcineae）的相对含量有所波动，但其在围隔Ⅰ（75 μg/L）和围隔Ⅱ（97 μg/L）中均为优势种，这一结果进一步证实了上述结论。

4.4.3　高存量蓝藻水华消退后浮游细菌群落结构的恢复性分析

本章研究 DGGE 和分析 LIBSHUFF 分析结果均表明，水华蓝藻消退后（第 12 天）各围隔样品间浮游细菌群落结构无显著性差异，但均明显不同于实验刚开始时的样品（第 0 天）（图 4-3 和图 4-5，表 4-2）。与此一致的是，Yannarell 等（2007）在对巴哈马的潟湖研究中发现，由于飓风的作用使得水体营养盐组成发生了显著变化，这使微生物席（microbial mat）上的微生物群落结构组成在发生飓风后发生了明显变化——优势种群被发生飓风前相对含量较低的种群所取代，而蓝藻生物垫的功能却未发生显著性变化。Dorigo 等（2010）将法国 Beaujolais 区 La Morcille 河下游长期受农药（杀虫剂）污染区中的石头转移至上游非污染区后放置 9 周，发现附生于这些石头上的细菌群落结构与功能均未发生明显变化，但明显不同于非污染区内石头上的细菌群落的结构与功能，表明长期暴露于杀虫剂的细菌群落结构和功能的恢复是一个缓慢的过程。环境中的微生物不仅群落结构多样性高（Amann et al., 1995; Nüsslein and Tiedje, 1998; Venter et al., 2004）而且许多种群具有生物地球化学循环功能的冗余性（Naeem and Li, 1997; Wohl et al., 2004），这使得微生物在受到一定程度的干扰后虽然群落结构有所变化，但其整体的生态功能却可以在短时间内快速恢复（Fernández et al., 1999; Briones and Raskin, 2003; Yannarell and Steppe, 2007）。本章研究中，蓝藻消退后浮游细菌的整体功能能否得以恢复，即蓝藻水华是否使浮游细菌群落的功能发生了根本改变，尚有待进一步研究。然而本实验结果明确显示浮游细菌群落结构对蓝藻水华的堆积、分解的响应因蓝藻水华存量的不同而异（Li et al., 2011），但蓝藻水华消退后浮游细菌群落结构又趋于一致，表明不同存量的蓝藻水华对浮游细菌群落结构具有一定的趋同作用。邢鹏等（未发表数据）对本实验过程中异味物质的检测结果也得到类似规律：各围隔所释放异味物质的速率及其组成在微囊藻水华堆积、分解过程中均明显不同，但蓝藻水华消退后差异均较小。

4.5　小　　结

高存量蓝藻水华的分解使得水体 DO 下降得更快、更低，蓝藻水华消退后大部分理化因子能够得以恢复；参与蓝藻水华分解的主要细菌种群因理化环境因子的不同而异，有氧状况下以微球菌（Micrococcineae）为主，而在缺氧环境下以梭菌（Clostridiales）为主；蓝藻水华消退后，浮游细菌菌群结构在本实验时间尺度内未得以恢复；但不同存量的蓝藻水华对浮游细菌群落结构具有一定趋同性。

第5章　藻源性湖泛发生过程中细菌群落结构组成研究

5.1　引　　言

在第 4 章接近于现实水体的围隔实验中，我们发现可以引起水体缺氧的高存量蓝藻水华的堆积、分解导致的浮游细菌群落结构变化明显不同于有氧状况下的变化。然而在现实水体中，大量蓝藻水华在湖湾中堆积、分解，使得水体溶解氧（DO）迅速降低，其最严重的后果之一是“湖泛”（亦称污水团或黑水团）的发生（Yang et al., 2008）。湖泛是指大量藻类堆积、死亡或污水排放后水体有机物大量增加，在适宜的气象、水文条件下，异养细菌大量增殖使水体溶解氧、氧化还原电位急剧下降，硫化物、甲烷和二甲基三硫等硫醚类物质含量升高，形成黑褐色伴有恶臭的“黑水团”，从而导致水体水质迅速恶化、生态系统受到严重破坏的现象（Freitag et al., 2003; Diaz and Rosenberg, 2008; Zaikova et al., 2010; 陆桂华和马倩, 2009）。近年来由蓝藻水华导致的湖泛在太湖频繁发生，引起广泛关注（Yang et al., 2008; 陆桂华和马倩, 2009; 盛东等, 2010; 刘国锋等, 2010）。这些研究还仅仅是处于跟踪监测、积累资料和初步研究机理的阶段（Yang et al., 2008; 陆桂华和马倩, 2009; 盛东等, 2010; 刘国锋等, 2010），湖泛发生机制还不清楚。浮游细菌尤其是异养细菌是湖泊生态系统中的主要分解者（Azam et al., 1983），可能在污水团的形成、维持中发挥着重要作用，了解湖泛发生过程中细菌群落结构组成的变化不仅是揭示湖泛发生机制的关键，而且是寻求治理湖泛的基础。然而，目前关于这方面的研究国内外尚未见报道。

本章的研究针对 2009 年 6 月发生于太湖无锡宜兴近岸水域——八房港的黑水团区，通过现场水质监测、水样采集和室内 T-RFLP、16S rDNA 克隆文库等分析，以期揭示出细菌群落结构组成在该极端条件下的动态变化，为探明藻源性湖泛的形成机制及其对水体生态系统的影响提供理论依据。

5.2　研 究 方 法

5.2.1　样点设置和样品采集

八房港地处无锡市宜兴丁蜀镇，位于太湖西北岸（31°14′53.2″N～119°54′22.0″E，图 5-1）。夏季太湖蓝藻水华暴发期间，大量的蓝藻被吹到八房港并在近岸区堆积，死亡后极易发生湖泛。2009 年 6 月 4 日至 5 日，此处再次发生湖泛。湖泛面积约 0.2 km^2，波及八房港入湖口区及沿岸区。

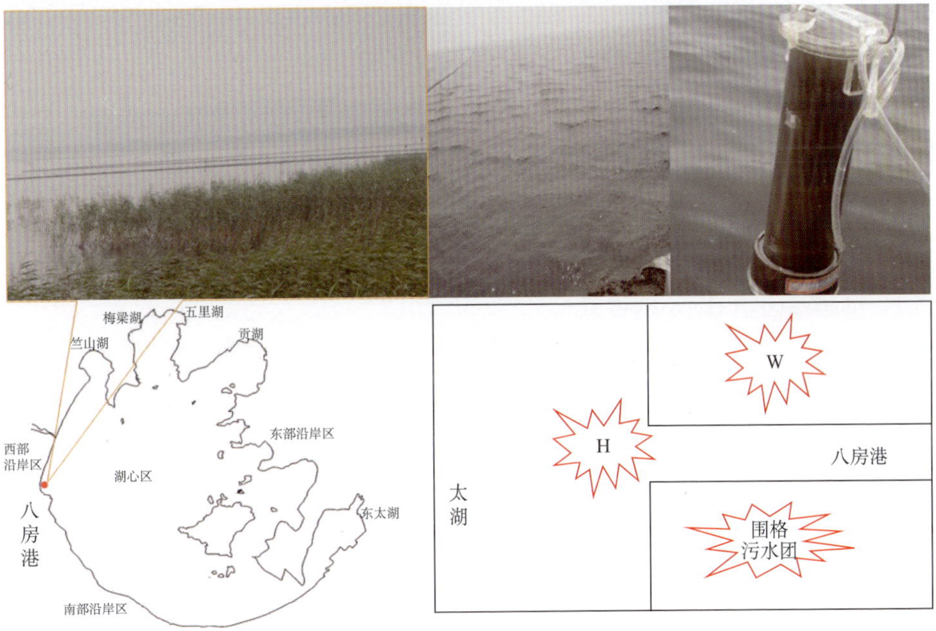

图 5-1　太湖八房港采样点示意图

W 为围格污水团采样点；H 为湖口污水团采样点

考虑到入湖口区和沿岸区沉积物底质等环境因子的差异，在湖口区黑水团和沿岸围隔黑水团中各设置 1 个采样点，分别记为 H、W，每隔 12 h 进行一次采样。每次采样现场使用 YSI6600 多参数水质监测仪（YSI Inc., USA）测定水体温度（temperature, Temp）、pH、氧化还原电位（conductivity, Cond）、溶解氧（dissolved oxygen, DO）和浊度（turbidity, Turb）；用 2.5 L Patalas 采水器自水面下 50 cm 采取水样，每点连续采样 3 次，等体积混匀，装入预先灭菌的 1 L 聚丙烯塑料桶中冷藏保存，2 h 运回实验室做进一步处理。

根据现场监测的环境因子确定是否继续采样，并选取细菌样品进一步分析。在前 24 h 内，湖口区黑水团中的 DO 和 pH 变化较围隔黑水团变化大：湖口区黑水团中的 DO 和 pH 在第 24 h 时迅速升高，而围隔黑水团变化较小。第 36 h 时，湖口区黑水团中的 DO 和 pH 升高至 9.0 mg/L 左右，因此第 36 h 后不再进行采样；分别取两位点在第 0 h 和第 36 h 的水样各 100 mL，用于测定总氮（total nitrogen, TN）、铵态氮（ammonium, NH_4^+-N）、硝态氮（nitrate, NO_3^--N）、总磷（total phosphorus, TP）、正磷酸盐（ortho-phosphorus, PO_4^{3-}-P），具体操作参见标准方法（金相灿和屠清瑛, 1990）；另各取 100 mL 水样用硝酸-氢氟酸-高氯酸湿法溶解后，利用美国 SPEX 标准溶液进行质控，采用美国 LEEMAN Labs Profile 电感耦合等离子体原子发射光谱仪（ICP-AES）测定颗粒态铁（particulate Fe , P-Fe）、颗粒态锰（particulate Mn, P-Mn）、溶解性铁（dissolved Fe, D-Fe）和溶解性锰（dissolved Mn, D-Mn）的浓度；分别选取湖口区黑水团第 0 h、12 h、24 h、36 h 以及围隔黑水团第 0 h、36 h 时的水样，各取 100 mL 依次用孔径为 5 μm、0.2 μm 的聚碳酸酯膜收集附着细菌、浮游细菌进行细菌群落结构组成分析，方法同第 2 章。

5.2.2 细菌基因组 DNA 的提取

使用改进的酚-氯仿提取、乙醇沉淀法提取细菌基因组 DNA（Harder et al., 2003），具体步骤与第 2 章相同。

5.2.3 细菌群落结构的 T-RFLP 分析

附着、浮游细菌群落结构的 T-RFLP 分析均与第 2 章相同。

5.2.4 克隆文库的构建

选取第 0 h 和 12 h 时的 6 个样品（表 5-1）进行克隆建库。PCR 扩增目的片段所用引物、程序和反应体系均与第 2 章相同。用琼脂糖凝胶电泳检测扩增结果、切胶回收目的片段，然后再用 Promega 公司（美国）生产的 pGEM-T Easy TA 克隆试剂盒构建 16S rDNA 克隆文库，具体步骤参见第 2 章。

表 5-1　克隆建库样品

样品编号	采样时间	采样地点	样品类型	阳性克隆数
W5-0h	第 0 h	沿岸（W）	附着细菌	39
H5-0h	第 0 h	湖口（H）	附着细菌	34

续表

样品编号	采样时间	采样地点	样品类型	阳性克隆数
H5-12h	第 12 h	湖口（H）	附着细菌	35
W0.2-0h	第 0 h	沿岸（W）	浮游细菌	44
H0.2-0h	第 0 h	湖口（H）	浮游细菌	35
H0.2-12h	第 12 h	湖口（H）	浮游细菌	107

5.2.5　阳性克隆的筛选、测序

每个克隆文库随机挑选 100 个左右白色菌落接种于 1 mL 含 100 mg/mL Amp 的 LB 培养基中，37℃、振荡培养，以 M13F 和 M13R 为引物进行菌落 PCR，然后用琼脂糖凝胶电泳检测插入片段，具体操作见第 2 章。

对阳性重组质粒用载体引物 M13F，委托上海英俊生物科技有限公司在 ABI3730 自动 DNA 测序仪进行测序，测序有效长度约为 900bp。

5.2.6　序列分析、构建进化树、确定 T-RFs 所属细菌菌群

所测序列经 Mallard 软件进行 Chimera 检测（Ashelford et al., 2006），舍弃 Chimera。将无问题序列与 GenBank 中已有序列进行比对（http://blast.ncbi.nlm.nih.gov/Blast.cgi）以初步确定所测序列的分类地位，获取同源性较高的相关菌株的 16S rRNA 基因序列。再用 MEGA 4.0 软件（Tamura et al., 2007），用邻接法（neighbor-joining method，N-J 法）构建系统进化树以确定所测序列的分类地位。依据所测序列第一个 *Hha* I 酶切位点所在位置确定 T-RFs 所属细菌种群。

5.2.7　统计分析

1. 细菌群落结构多样性分析

采用 Shannon-Wiener 指数评估细菌群落结构物种多样性，计算公式为（Shannon and Weaver, 1949）

$$H' = -\sum_{i=1}^{n} p_i \ln p_i \tag{5.1}$$

式中，p_i 表示第 i 条 T-RF 峰面积占总面积的比例。

采用 Simpson 指数（D）计算细菌不同种类的优势度，计算公式为（Hill et al, 2003）

$$D = -\sum_{i=1}^{n} p_i^{\ 2} \qquad (5.2)$$

采用 Pielou 指数评估细菌群落结构物种均匀度，计算公式为（Shannon and Weaver, 1949）

$$J' = H' / \log S \qquad (5.3)$$

式中，S 表示 T-RFs 的总条数。

2. 细菌群落结构多样性分析

根据 T-RFLP 结果用 Primer5 软件进行聚类分析样品间细菌群落的相似性。

使用 LIBSHUFF 程序分析所建克隆文库间差异的显著性（Schloss et al., 2009）。

5.3 研 究 结 果

5.3.1 藻源性湖泛发生过程中水体理化因子变化

藻源性湖泛发生过程中水体主要理化因子的变化见图 5-2。第 1 天（第 0 和 12 h）时，围隔黑水团和湖口区黑水团的溶解氧浓度均小于 0.5 mg/L；第 2 天（第 24 和 36 h）时，尽管围隔黑水团溶解氧浓度仍然低于 0.5 mg/L，湖口区黑水团中的溶解氧却迅速升高：第 24 h 时，湖口区黑水团中的溶解氧升高为 4.7 mg/L，第 36 h 时进一步升高至 9.0 mg/L（图 5-2（a））。随着黑水团的发生、发展，各位点 pH 均升高，且各时刻湖口区黑水团均较高（图 5-2（b））。黑水团中正磷酸盐、硝态氮变化趋势与此类似，即第 2 天较高（图 5-2（h）和图 5-2（i））。然而，围隔黑水团和湖口区黑水团中的总氮、总磷、铵态氮的浓度变化情况均不同于溶解氧和 pH：第 2 天（第 36 h）高于第 1 天（第 0 h），且各时刻湖口区黑水团均较低（图 5-2（e）、图 5-2（f）和图 5-2（g））。

随着黑水团的发生、发展，各位点的颗粒态和溶解性的铁、锰均发生着变化（图 5-3）。两个位点在第 2 天时颗粒态铁的浓度均高于第 1 天，且各时刻围隔黑水团均高于湖口区黑水团（图 5-3（a）），而溶解性铁变化较小（图 5-3（c））。随着黑水团的发展，围隔黑水团中颗粒态锰的浓度有所降低，湖口区黑水团中颗粒态锰的浓度变化与此相反（图 5-3（b））。第 1 天各位点溶解性锰的浓度均高于第 2 天，且各时刻湖口区黑水团均较高（图 5-3（d））。

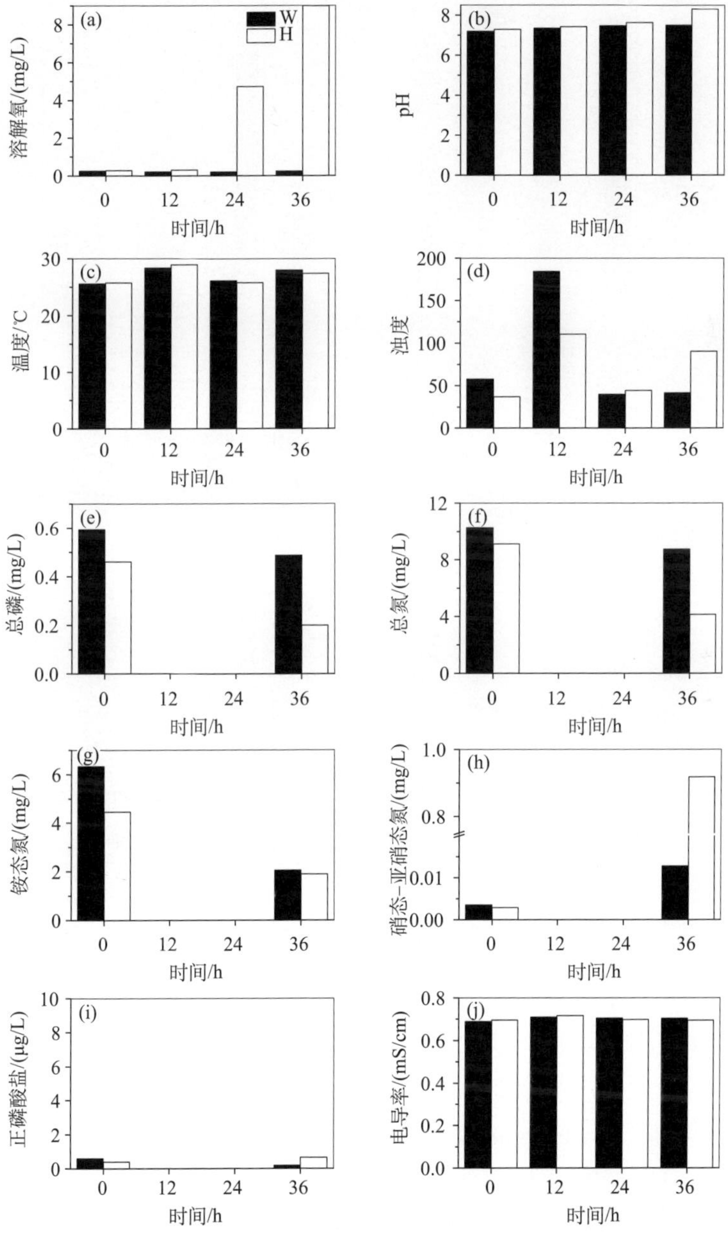

图 5-2　湖泛发生过程中水体溶解氧（a）、pH（b）、温度（c）、浊度（d）、总磷（e）、总氮（f）、铵态氮（g）、硝态-亚硝态氮（h）、正磷酸盐（i）和电导率（j）的变化

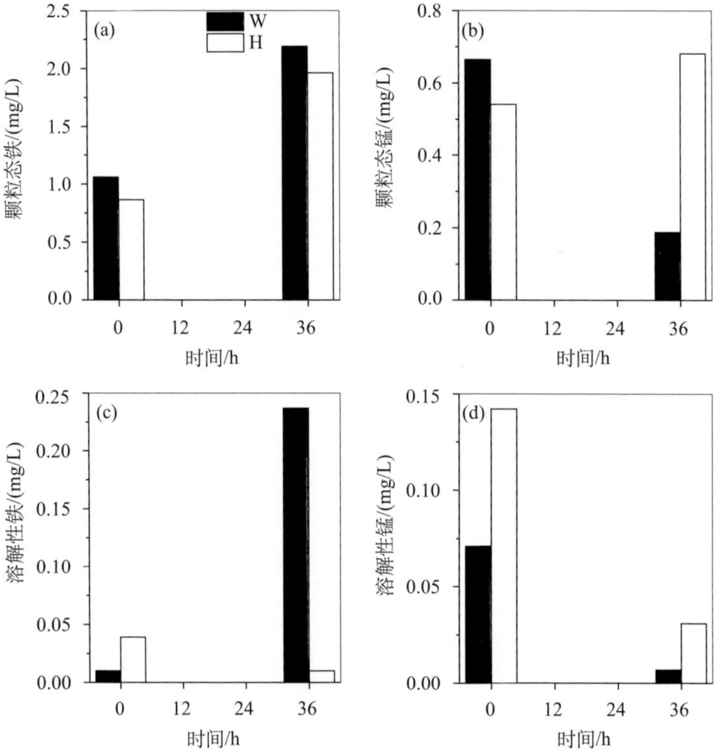

图 5-3　黑水团发生过程中水体颗粒态铁（a）、颗粒态锰（b）、溶解性铁（c）和溶解性锰（d）的变化

5.3.2　藻源性湖泛发生过程中细菌群落多样性指数的变化

依据 T-RFLP 获得的浮游细菌群落多样性的变化结果表明，两个采样点的各群落特征指数随黑水团的延续均发生了变化，且变化特征因采样点的不同而异(图 5-4)。围隔黑水团中，浮游细菌的 Shannon-Wiener 指数和 Pielou 指数均随着黑水团的延续而增加，而 Simpson 指数相应降低，表明随浮游细菌种类的增加，群落多样性和均匀度增大，相应的优势度减小。湖口区黑水团中，浮游细菌的 Shannon-Wiener 指数和 Pielou 指数均随着黑水团的延续在第 24 h 时减少到最小后又恢复的开始水平，而 Simpson 指数则反之。

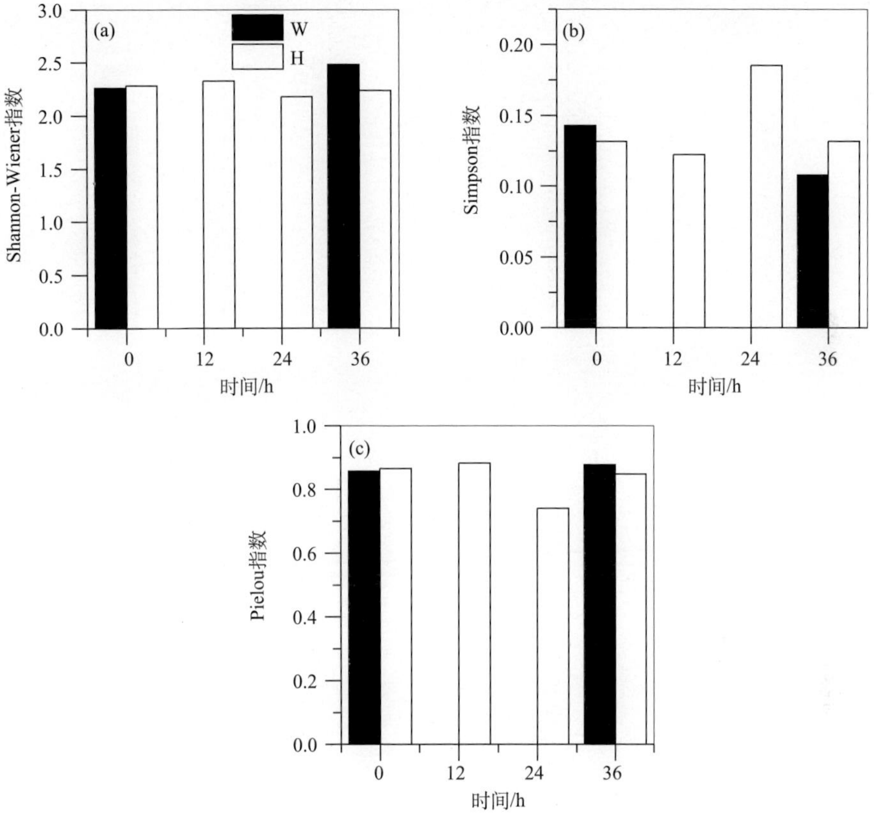

图 5-4　依据 T-RFLP 结果获得的黑水团发生过程中浮游细菌多样性指数的变化

两个采样点附着细菌的各群落特征指数随黑水团的延续也发生了变化，但变化特征与浮游细菌有所不同（图 5-5）。湖口区黑水团中，附着细菌的 Pielou 指数随着黑水团的延续而升高，Shannon-Wiener 指数随着黑水团的延续在第 24 h 时增大到最大后减小，Simpson 指数变化情况与后者相反。围隔黑水团中，浮游细菌的 Shannon-Wiener 指数和 Pielou 指数均随着黑水团的延续而升高。

5.3.3　T-RFLP 分析浮游细菌群落结构的变化

T-RFLP 分析表明，随着黑水团的发生、发展，湖口区黑水团（H）中浮游细菌群落结构组成存在明显的时间差异：黑水团开始时（第 0 h 和 12 h）各样品的细菌群落结构相似性较高，与黑水团后期（第 0 h 和 12 h）各样品差异较大（图 5-6 和图 5-7）。第 0 h 时，湖口区黑水团中浮游细菌共发现 14 条相对含量大于 1% 的 T-RFs，且长度分别为 139/140 bp、204 bp、206 bp、211 bp、218 bp、89 bp、

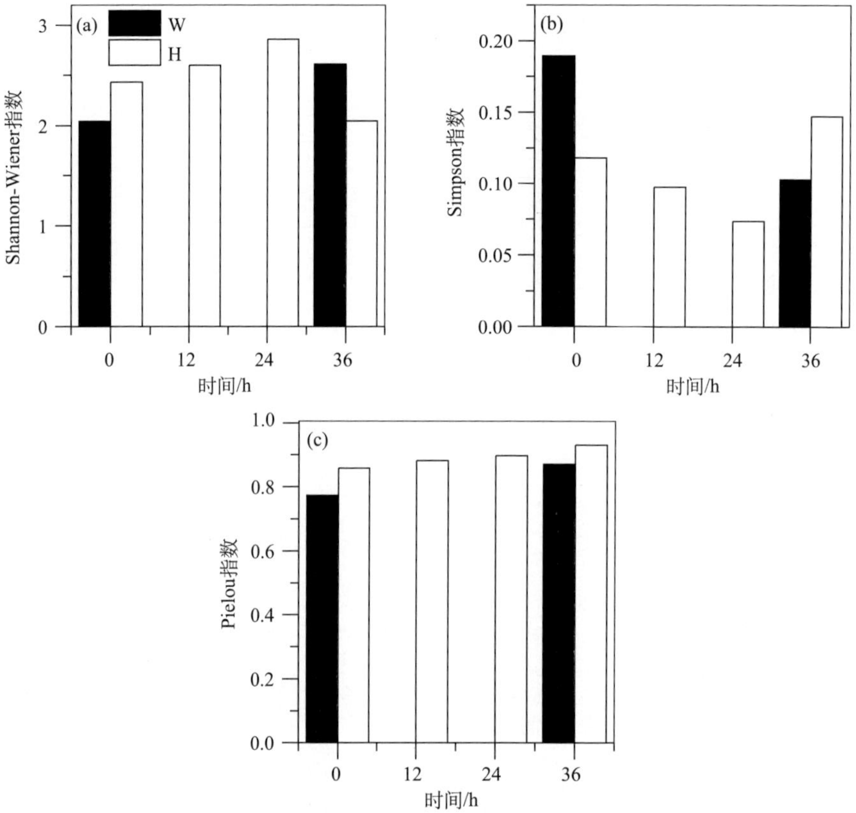

图 5-5　依据 T-RFLP 结果获得的黑水团发生过程中附着细菌多样性指数的变化

91bp 和 95 bp 的 T-RFs 含量较高（相对含量均大于 4%），其中后三者的相对含量均大于 10.7%（图 5-6）。第 12 h 时，这些相对含量较高的 T-RFs 仍然为优势 T-RFs，但长 65/66 bp 的 T-RF 相对含量从 1.6%增高为 13.4%。此外，新发现 4 条 T-RFs，长度分别为 60 bp、71 bp、72 bp 和 207 bp。12h 后，浮游细菌菌群结构发生了巨大变化。第 24 h 时，长 65/66 bp 的 T-RF 占绝对优势，其相对含量达 32.0%（图 5-6）；60bp 和 370bp T-RFs 的相对含量均大于 11%，且后者为首次发现；该时刻其余新发现的 T-RFs 长分别为 342 bp、345 bp、354 bp、372 bp、516 bp、551 bp、558 bp 和 571 bp。第 36 h 时，虽然长 65/66 bp T-RF 的优势度有所降低（9.7%），但其仍为优势 T-RF；其余的优势 T-RFs 长分别为 91 bp、139/140 bp、204 bp、206 bp 和 218 bp（相对含量分别为 14.1%、9.6%、19.5%、6.5%和 14.8%）。

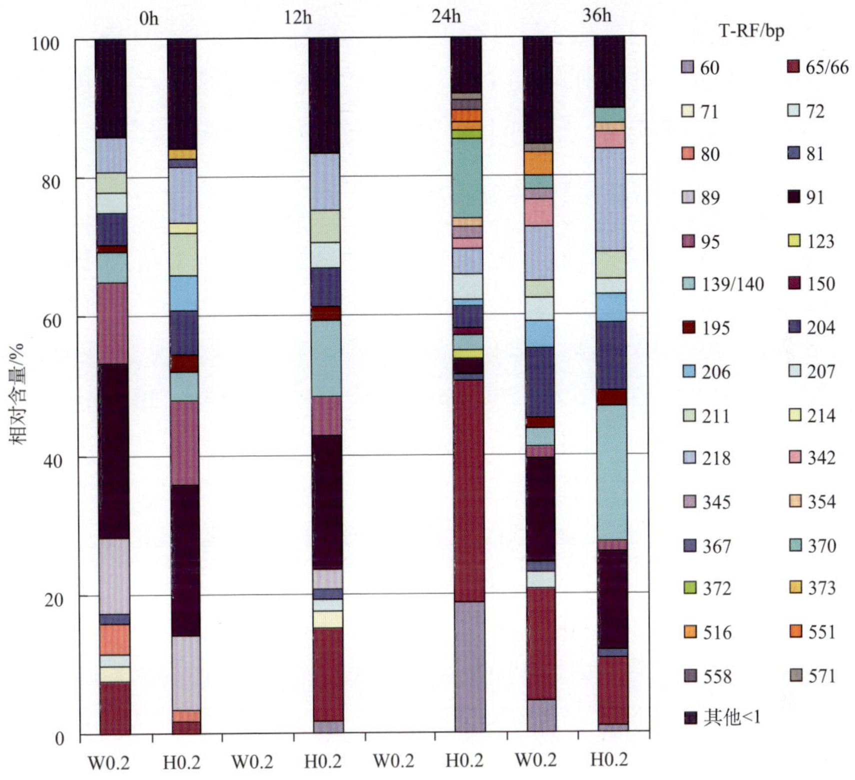

图 5-6　浮游细菌群落结构的变化

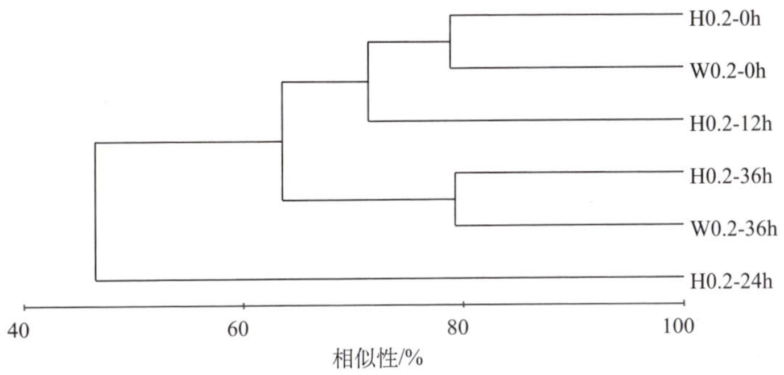

图 5-7　浮游细菌群落结构聚类图

相对于湖口区黑水团，围隔黑水团中浮游细菌群落结构变化较慢。第 0 h 时，围隔黑水团中浮游细菌含有 14 条相对含量大于 1%的 T-RFs，且长度分别为 65/66 bp、80 bp、139/140 bp、204 bp、218 bp、89 bp、91bp 和 95 bp 的 T-RFs 含量较高（相对含量均大于 5%），其中后三者的相对含量均大于 10.8%（图 5-6）。第 36 h

时，这些相对含量较高的 T-RFs 仍然有 4 条（65/66 bp、91 bp、204 bp 和 218 bp）优势 T-RFs，其相对含量分别为 16.1%、14.9%、9.9%和 7.8%；其余相对含量较高的 T-RFs 长度分别为 60 bp 和 206 bp（分别为 7.2%和 4.6%，图 5-6）。

5.3.4 T-RFLP 分析附着细菌群落结构的变化

与浮游细菌群落结构变化趋势类似，黑水团开始时（第 0 h 和 12 h）各样品的附着细菌群落结构相似性较高，与黑水团后期（第 0 h 和 12 h）各样品差异较大（图 5-8 和图 5-9）。第 0 h 时，湖口区黑水团中附着细菌共发现 16 条相对含量大于 1%的 T-RFs，且长度分别为 65/66 bp、91bp、218 bp、95 bp、204 bp 和 206 bp 的 T-RFs 含量较高（相对含量均大于 4%），其中前三者优势度较高，相对含量分别为 17.7%、9.7%和 12.0%（图 5-8）。第 12 h 时，虽然这些 T-RFs 的相对含量有所减少，但仍为优势 T-RFs；该时刻其余的优势 T-RFs 长分别为 207 bp 和 334 bp（相对含量分别为 7.0%和 4.1%）；此外，新发现 6 条 T-RFs，长分别为 72 bp、83 bp、85 bp、86 bp、195 bp 和 516 bp。第 24 h 时，该位点附着细菌共含有 24 条（其中 12 条为首次发现）相对含量大于 1%的 T-RFs，其中长度分别为 65/66 bp、91bp、110 bp、95 bp、139/140 bp、158bp 和 334 bp 的 T-RFs 相对含量均大于 4%，前三者甚至大于 10%（图 5-8）。第 36 h 时，先前发现的 T-RFs 只有 9 条存在，这些 T-RFs 的相对含量均大于 4%，其中长度分别为 91bp、95 bp、139/140 bp 和 204 bp 的 T-RFs 的相对含量均大于 10%；该时刻首次发现 3 条 T-RFs，长度分别为 196 bp、202 bp 和 203 bp（图 5-8）。

随着黑水团的发生、发展，围隔黑水团中附着细菌的群落结构也发生了变化。第 0 h 时，围隔黑水团中附着细菌含有 13 条相对含量大于 1%的 T-RFs，且长度分别为 65/66 bp、91 bp、95 bp、204 bp 和 218bp 的 T-RFs 为优势种群，其相对含量分别为 4.4%、29.3%、20.6%、4.8% 和 11.0%（图 5-8），且它们也是该时刻湖口区黑水团中的优势种群。第 36 h 时，长 65/66 bp 的 T-RF 相对含量从 4.8%增高至 15.9%，而长 91bp 和 218bp 的 T-RFs 却分别降低至 11.0%和 7.8%，其余相对含量较高的 T-RFs 长度分别为 206 bp 和 204 bp（分别为 5.4%和 4.4%），二者均为首次发现的 T-RFs。此外，新发现 3 条 T-RFs，长度分别为 172 bp、558 bp 和 563 bp（图 5-8）。

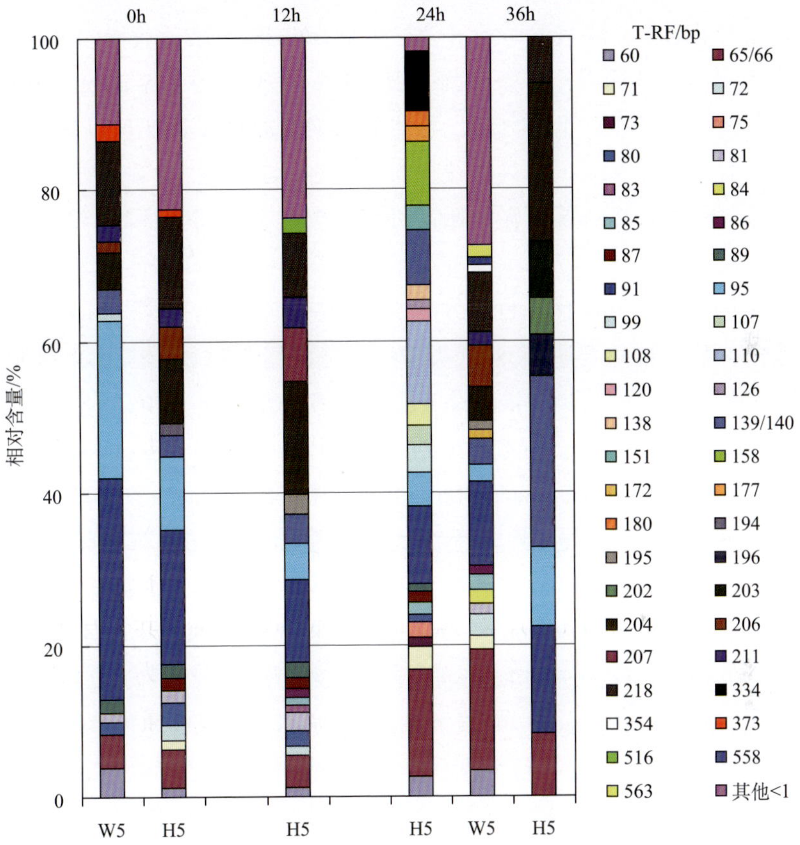

图 5-8　附着细菌群落结构的变化

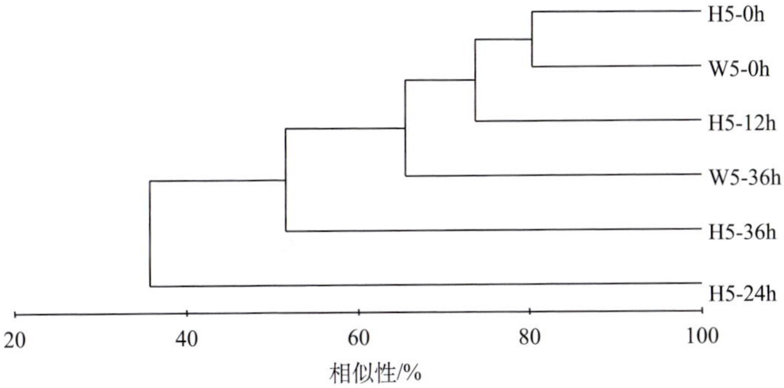

图 5-9　附着细菌群落结构聚类图

5.3.5　系统发育分析、确定 T-RFs 所属细菌菌群

为确定 T-RFs 所属细菌种群以进一步分析在黑水团发生过程中细菌群落结构

的变化，选取了第 0 h 和 12 h 时的 6 个样本进行 PCR 扩增后获得的 16S rDNA 片段构建克隆文库，共测得 294 条序列（表 5-1）。基于细菌 16S rDNA 序列进行了系统发育分析（图 5-10～图 5-12）。总体上，绝大多数 T-RFs 可以确定其所属细菌种群，而且一些 T-RFs 同时属于不同种群（表 5-2 和表 5-3）。该分析表明，在黑水团发生过程中，各样品浮游、附着细菌不仅具有相同的种群，而且具有特有种群。

结合 T-RFLP 和细菌 16S rDNA 序列分析表明，第 0 h 时，湖口区黑水团（H）浮游细菌的优势种群主要属于 8 大类群：拟杆菌门（Bacteroidetes）的拟杆菌目（Bacteroidales）、黄杆菌目（Flavobacteriales）和一部分未知种属的拟杆菌，厚壁菌门（Firmicutes）的梭菌属（*Clostridium*）和丹毒丝菌科（Erysipelotrichaceae），*β*-变形菌纲（Betaproteobacteria）的红环菌科（Rhodocyclaceae）和丛毛单胞菌科（Comamonadaceae），*γ*-变形菌纲（Gammaproteobacteria）的黄单胞菌科（Xanthomonadaceae）（表 5-2）。第 12 h 时，这些菌群仍然为优势菌群，该时刻另外一条优势 T-RF（65/66 bp）与硝化螺旋菌门（Nitrospirae）的脱硫弧菌——*Desulfovibrio vulgaris* Hildenborough（序列相似性为 94%）或 *β*-变形菌纲的嗜甲基菌科（Methylophilaceae）亲缘关系最近。此外，新发现的长度分别为 60 bp、71 bp、72 bp 和 207 bp 的 T-RFs 分别属于 LD12（*α*-变形菌纲（Alphaproteobacteria）中淡水 SAR11）或 *β*-变形菌纲的产碱菌科（Alcaligenaceae）、丛毛单胞菌科、丛毛单胞菌科和鞘脂杆菌纲（Sphingobacteria）的噬几丁质菌科（Chitinophagaceae）。第 24 h 时，脱硫弧菌或嗜甲基菌科细菌优势度最明显（32.0%，图 5-6，表 5-2），其余的优势菌群为产碱菌科或红环菌科、未知种属细菌。新发现的 T-RFs 分别属于浮霉菌门（Planctomycetes）的浮霉菌科（Planctomycetaceae）、放线菌门（Actinobacteria）的微球菌亚目（Micrococcineae）、蓝细菌（Cyanobacteria）、梭菌门的韦荣氏菌科（Veillonellaceae）和未知分类单元的细菌。第 36 h 时，湖口区黑水团中浮游细菌主要为拟杆菌门的紫单胞菌科（Porphyromonadaceae）、丛毛单胞菌科、脱硫弧菌或嗜甲基菌科，*γ*-变形菌纲的黄单胞菌科（Xanthomonadaceae）细菌。

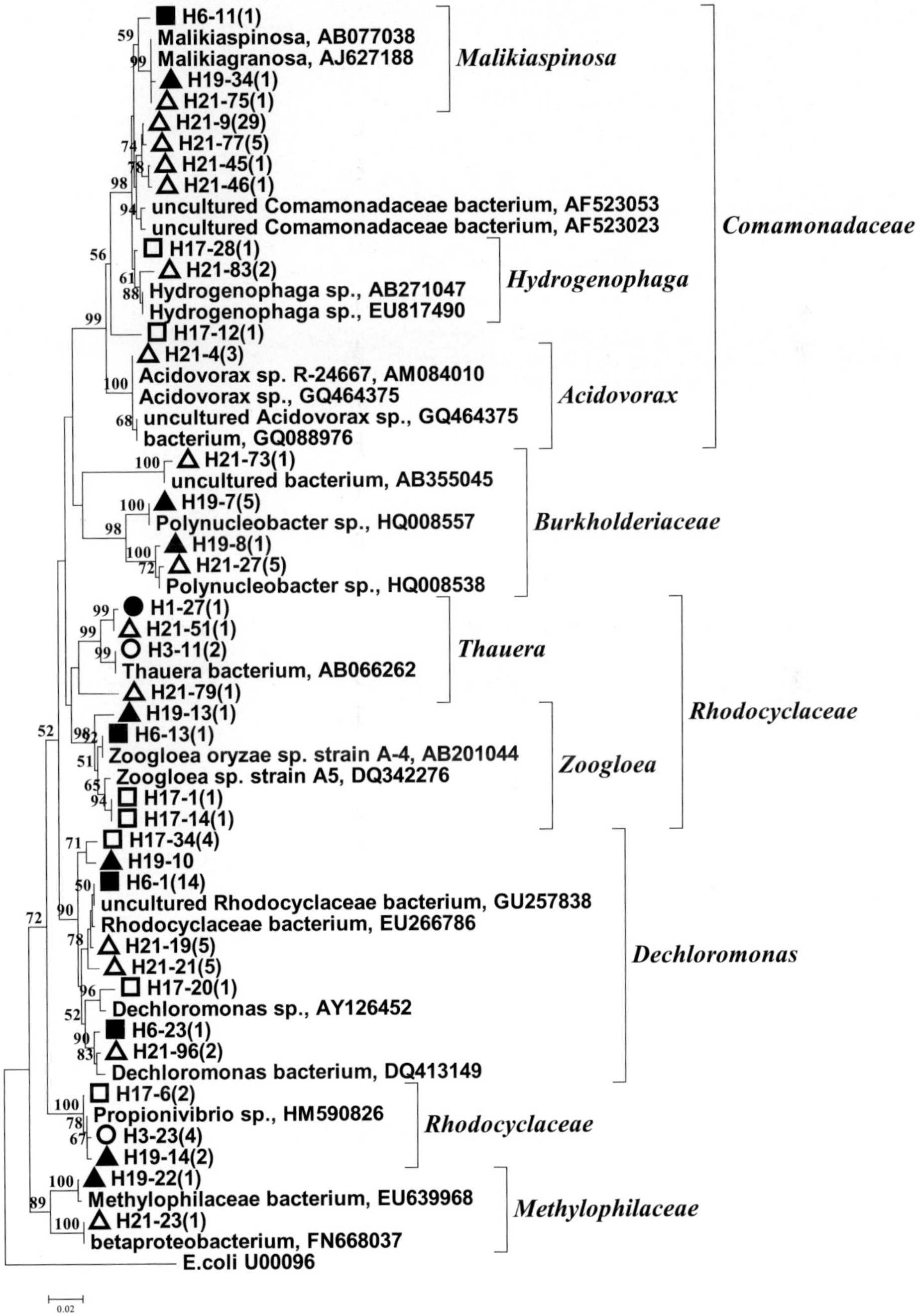

图 5-10　采用邻接法构建的与 β-Proteobacteria 有关的 16S rRNA 序列的系统进化树

●表示围隔黑水团第 0 h 附着细菌样品；○表示湖口区黑水团第 0 h 附着细菌样品；■表示湖口区黑水团第 24 h 附着细菌样品；□表示围隔黑水团第 0 h 浮游细菌样品；▲表示湖口区黑水团第 0 h 浮游细菌样品；△表示湖口区黑水团第 24 h 浮游细菌样品；括号内为该 OUT 所含有的克隆数

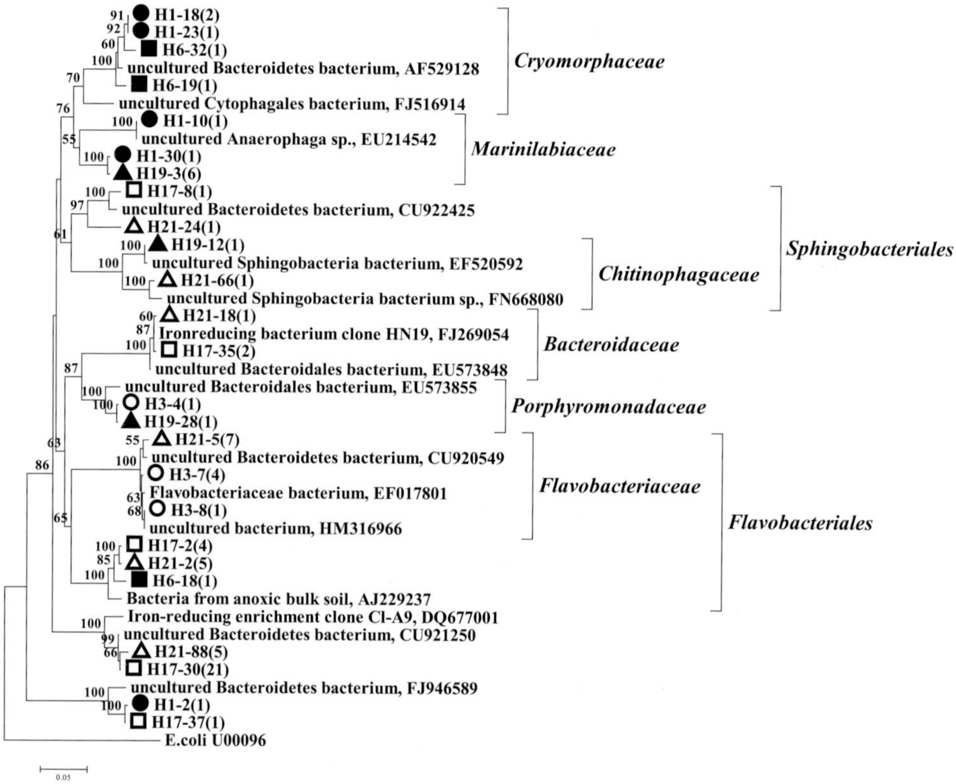

图 5-11　采用邻接法构建的与 Bacteroidetes 有关的 16S rRNA 序列的系统进化树

●表示围隔黑水团第 0 h 附着细菌样品；○表示湖口区黑水团第 0 h 附着细菌样品；■表示湖口区黑水团第 24 h 附着细菌样品；□表示围隔黑水团第 0 h 浮游细菌样品；▲表示湖口区黑水团第 0 h 浮游细菌样品；△表示湖口区黑水团第 24 h 浮游细菌样品；括号内为该 OUT 所含有的克隆数

围隔黑水团（W）第 0h 的浮游细菌优势种群主要包括脱硫弧菌或嗜甲基菌科、紫单胞菌科、梭菌属、丛毛单胞菌科、黄杆菌科、黄单胞菌科和一群未知种属的拟杆菌（表 5-3，图 5-8）。类似地，第 36 h 时，除了丛毛单胞菌科外，其余菌群仍为优势种群；长度分别为 60 bp 和 206 bp 的 T-RFs 与 LD12、产碱菌科或红环菌科和种属为 γ-变形菌的细菌亲缘关系最近。

与 T-RFLP 分析的结果相似，16S rRNA 基因序列分析表明，黑水团开始（第 0 h 和 12 h）时各样品的附着细菌群落结构相似性较高，且与黑水团后期（第 0 h 和 12 h）各样品差异较大（表 5-3）。第 0h 时，湖口区黑水团（H）附着细菌的优势种群主要为脱硫弧菌或嗜甲基菌科、紫单胞菌科、梭菌属、黄单胞菌科和红环菌科细菌（表 5-3，图 5-8）。第 12 h 时，这些菌群仍为优势菌群，但噬几丁质菌

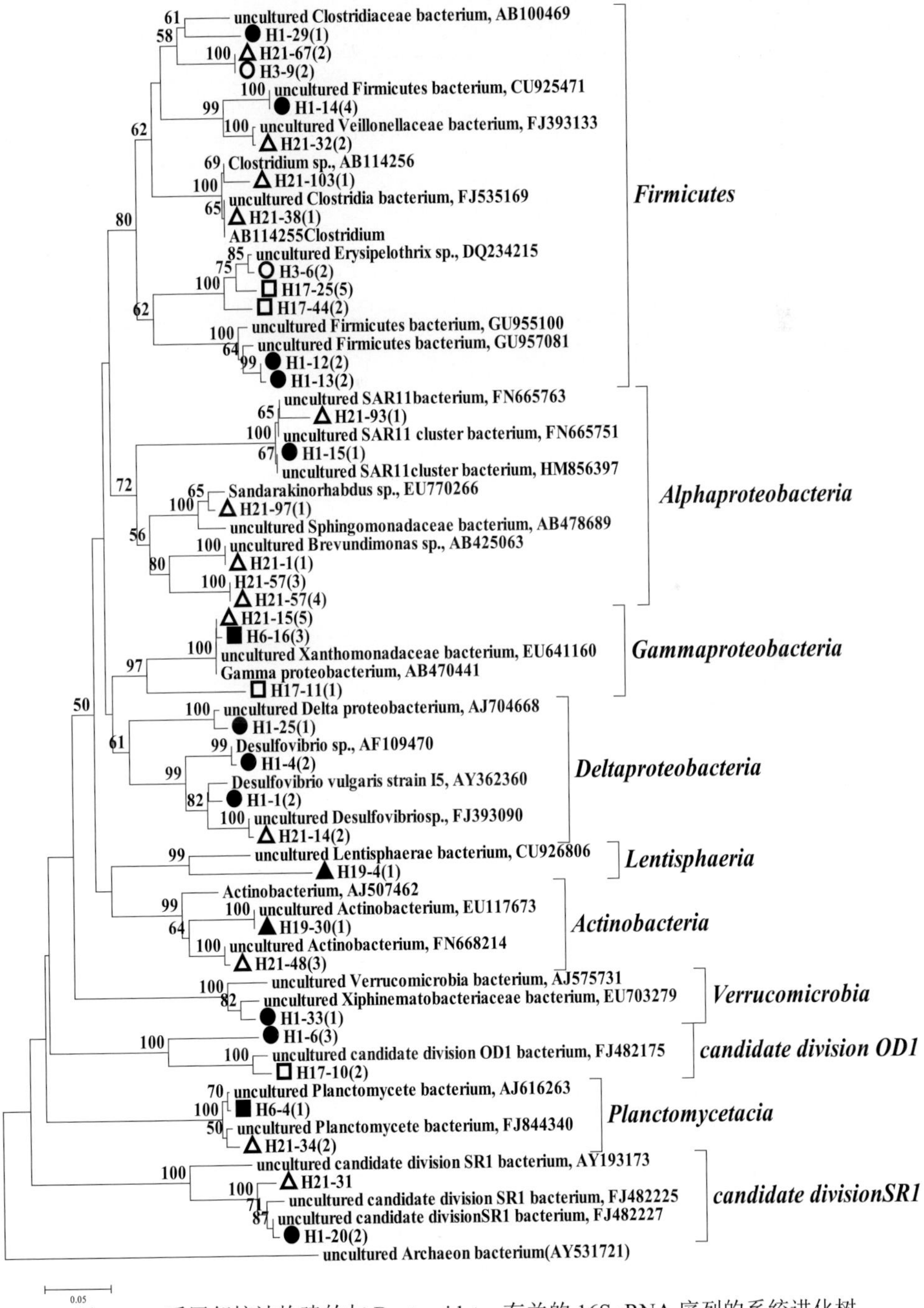

图 5-12　采用邻接法构建的与 Bacteroidetes 有关的 16S rRNA 序列的系统进化树

●表示围隔黑水团第 0 h 附着细菌样品；○表示湖口区黑水团第 0 h 附着细菌样品；■表示湖口区黑水团第 24 h 附着细菌样品；□表示围隔黑水团第 0 h 浮游细菌样品；▲表示湖口区黑水团第 0 h 浮游细菌样品；△表示湖口区黑水团第 24 h 浮游细菌样品；括号内为该 OUT 所含有的克隆数

表 5-2　基于细菌 16S rDNA 系统发育分析的浮游细菌群落结构变化

分类单元	浮游细菌 DNA 酶切片段/bp					
	W0.2-0h	H0.2-0h	H0.2-12h	H0.2-24h	W0.2-36h	H0.2-36h
Actinobacteria						
Actinomycetales						
Micrococcineae				354		354
Bacteroidetes						
Bacteroidales						
Bacteroidaceae		87	87	87		
Porphyromonadaceae	**91**	**91**	**91**	91	**91**	**91**
Flavobacteriales						
Flavobacteriaceae	81*,**218**	215,**218**	81*,**218**	81*,218	81*,**218**	81*,**218**
Sphingobacteriales						
Chitinophagaceae	207		207	207	207	207
Unclassified	**80,89**	80,**89**	89			
Cyanobacteria				516	516	
Firmicutes						
Clostridiales						
Clostridium	**95**	**95**	**95**		95	95
Veillonellaceae				551,558		
Erysipelotrichales						
Erysipelotrichaceae	211	**211**	**211**		211	211
Lentisphaeria						
Planctomycetales						
Planctomycetaceae				345,551	345	
Alphaproteobacteria						
Rickettsiales						
SAR11			60*	**60***	**60***	60*
Betaproteobacteria						
Burkholderiales						
Alcaligenaceae			60*	**60***	**60***	60*
Burkholderiaceae						**202**
Comamonadaceae	71,72,**139/140**	**139/140**,195	71,72,**139/140**,195	**139/140**	72,139/140,195	**139/140**,195
Methylophilales						
Methylophilaceae	**65/66***	65/66*	**65/66***	**65/66***	**65/66***	**65/66***
Rhodocyclales						

续表

分类单元	浮游细菌 DNA 酶切片段/bp					
	W0.2-0h	H0.2-0h	H0.2-12h	H0.2-24h	W0.2-36h	H0.2-36h
Rhodocyclaceae	**204***,	**204***,**206**	60*,81,**204***	**60***,81,**204***,206	**60***,81,**204**,* 206	60*,81, **203**, **204***,**206**
Deltaproteobacteria						
Desulfovibrio	**65/66***	65/66*	**65/66***	**65/66***	**65/66***	**65/66***
Unclassified	81*		81*	81*	81*	81*
Gammaproteobacteria						
Xanthomonadales						
Xanthomonadaceae	**204***	**204***	**204***	**204***	**204***	**204***
Unclassified			60*	**60***	**60***	60*
Unidentified		367,373		151,342,**370**,372,571	342,370,571	342,370

注：相对含量大于 4%的 T-RFs、属于不同菌群的 T-RFs、在某时刻相对含量急剧增加的 T-RFs 分别用加粗、*、下划线标记

表 5-3　基于细菌 16S rDNA 系统发育分析的附着细菌群落结构变化

分类单元	附着细菌 DNA 酶切片段/bp					
	W5-0h	H5-0h	H5-12h	H5-24h	W5-36h	H5-36h
Actinobacteria						
Actinomycetales						
Micrococcineae					354	
Bacteroidetes						
Bacteroidales						
Bacteroidaceae		87,	87	87		
Porphyromonadaceae	**91**	**91**	**91**	**91**	**91**	**91**
Flavobacteriales						
Flavobacteriaceae	81, **218**	81, **218**	81,83, 85, **218**	85	81,83,85, **218**	**218**
Sphingobacteriales						
Cytophagaceae				75*		
Chitinophagaceae			**207**			
Unclassified	80,89	80,89	80,85,89	80,85,89, **110**	85	
Cyanobacteria			516			
Deinococcales						
Deinococcaceae				75*		
Firmicutes						
Clostridiales						

续表

分类单元	附着细菌 DNA 酶切片段/bp					
	W5-0h	H5-0h	H5-12h	H5-24h	W5-36h	H5-36h
Clostridium						
Veillonellaceae					558,563	
Erysipelotrichales						
Erysipelotrichaceae	211	211	**211**		211	
Alphaproteobacteria						
Rickettsiales						
SAR11	60*	60*	60*	60*	60*	
Rhodobacterales						
Rhodobacteraceae				**334**		
Betaproteobacteria						
Burkholderiales						
Alcaligenaceae	60*	60*	60*	60*	60*	
Comamonadaceae	139/140	71,72,139/140, 194	72,139/140,195	71,**139/140,158**	71,72,139/140	**139/140**,196*
Methylophilales						
Methylophilaceae	**65/66***	**65/66***	**65/66***	**65/66***	**65/66***	**65/66***
Rhodocyclales						
Rhodocyclaceae	60*, **204***, 206	60*,81,**204***,**206**	60*,81, **204***	60*,	60*,81,	**204***,196*
Deltaproteobacteria						
Desulfovibrionales						
Desulfobulbaceae				108		
Desulfovibrionaceae	**65/66***	**65/66***	**65/66***	**65/66***,107	**65/66***	**65/66***
Unclassified	81	81	81	108	81	
Gammaproteobacteria						
Xanthomonadales						
Xanthomonadaceae	**204***	**204***	**204***		**204***	**204***
Unclassified	60*	60*	60*	60*	60*	
Unidentified	99,373	373		99,120,126,138,151,177,180	172	

注：相对含量大于 4%的 T-RFs、属于不同菌群的 T-RFs、在某时刻相对含量急剧增加的 T-RFs 分别用加粗、*、下划线标记

科和丹毒丝菌科细菌的相对含量迅速升高成为该时刻的优势菌群；新发现的长度分别为 72 bp、83 bp、85 bp、86 bp、195 bp 和 516 bp 的 T-RFs 分别属于丛毛单胞菌科、黄杆菌科和蓝藻。第 24 h 时，相对含量最高的 3 条 T-RFs（65/66 bp、91 bp 和 110 bp，均大于 10%）分别与脱硫弧菌或嗜甲基菌科、紫单胞菌科和未知种属的拟杆菌目细菌亲缘关系最近（表 5-3，图 5-8）。该时刻首次发现的长度分别为 71 bp、72 bp、107 bp、108 bp、158 bp 和 334 bp 的 T-RFs 属于丛毛单胞菌科、噬纤维菌科（Cytophagaceae）、未知种属的 δ-变形菌和红杆菌科细菌；然而长度分别为 120 bp、126 bp、138 bp、108 bp、158 bp、177 bp 和 334 bp 的 T-RFs 在所建克隆文库中无匹对的序列，因此无法确定该 T-RF 所属种群。第 36 h 时，湖口区黑水团附着细菌的优势种群为紫单胞菌科、梭菌属、丛毛单胞菌科和红环菌科细菌（相对含量分别为 14.3%、10.3%、22.6%和 20.9%）。此外，新发现的 3 条 T-RFs（长度分别为 196 bp、202 bp 和 203 bp）分别属于丛毛单胞菌科、伯克氏菌科和红环菌科细菌（表 5-3，图 5-8）。

与湖口区黑水团（H）类似，围隔黑水团（W）第 0 h 的附着细菌优势种群包括脱硫弧菌或嗜甲基菌科、紫单胞菌科、梭菌属、黄单胞菌科、红环菌科和黄杆菌科细菌（表 5-3，图 5-8）。第 36 h 时，脱硫弧菌或嗜甲基菌科、紫单胞菌科和黄杆菌科细菌仍为优势种群（相对含量分别为 15.9%、11.0% 和 7.8%），而梭菌属的相对含量却降低至 2.2%（表 5-3，图 5-8）。该时刻首次发现的长度分别为 204 bp、206 bp、558 bp 和 563 bp 的 T-RFs 与红环菌科和韦荣氏菌科细菌亲缘关系最近，而长 172 bp 的 T-RF 在所建克隆文库中无匹对的序列，因此无法确定该 T-RF 所属种群（表 5-3，图 5-8）。

LIBSHUFF 分析表明随着黑水团发生、发展，不仅浮游、附着细菌的群落结构发生了变化，而且不同黑水团间细菌菌落结构组成也存在显著性差异。黑水团发生时（第 0 h）湖口区黑水团和围隔黑水团中浮游群落结构存在显著性差异，随着黑水团的发展湖口区黑水团中浮游群落结构也发生了显著性改变（表 5-4）。第 0 h 时，围隔黑水团和湖口区黑水团的附着细菌群落结构组成无显著性差异，而二者均与黑水团第 12 h 的附着细菌群落结构存在显著性差异（表 5-5）。

表 5-4 所建浮游细菌克隆文库间的比较

克隆文库	P 值		
	W0.2-0h	H0.2-0h	H0.2-12h
W0.2-0h			
H0.2-0h	0.0021		
H0.2-12h	0.0227	0.0027	

注：*P* 值小于 0.0083（e.g. 0.05/6 = 0.0083; Schloss et al., 2009）的克隆文库间具有显著性差异

表 5-5 所建附着细菌克隆文库间的比较

克隆文库	P 值		
	W5-0H	H5-0h	H5-12h
W5-0h			
H5-0h	0.0306		
H5-12h	0.0001	0.005	

注：*P* 值小于 0.0083（e.g. 0.05/6 = 0.0083; Schloss et al., 2009）的克隆文库间具有显著性差异

5.4 讨 论

本章的研究结合 T-RFLP 和 16S rRNA 基因克隆建库、测序分析了太湖藻源性湖泛发生过程中细菌群落结构组成的变化情况，以期了解极度缺氧状况下太湖水体细菌群落的结构组成，探明湖泛中细菌群落结构组成是否存在空间差异，为阐明和防治水华微囊藻引起的生态灾害提供理论基础。

5.4.1 太湖藻源性湖泛发生过程中水体理化环境因子的变化

本章研究的各采样点环境因子（尤其是溶解氧浓度）的变化表明湖泛的发生与发展。总体而言，本章研究所测理化环境因子的变化与海洋“死区”(dead zone)中相关理化因子的变化范围相当（Helly and Levin, 2004; Castro-González et al., 2005; Molina et al., 2005; Stevens and Ulloa, 2008; Zaikova et al., 2010）。已有的研究表明，海洋“死区”发生过程中水体溶解氧浓度低于 0.5 mL/L（约 0.7 mg/L）(Helly and Levin, 2004; Stevens and Ulloa, 2008; Zaikova et al., 2010），在这种环境下鱼类等水生生物将大量死亡（Diaz and Rosenberg, 1995）。类似地，本章的研究发现，在藻源性湖泛发生时（第 0h 和第 12 h）太湖水体溶解氧浓度小于 0.5 mg/L；然而

幸运的是，本次湖泛并未引起大量鱼类死亡，这可能是由于本次湖泛面积较小且持续时间短的缘故。随着时间的延续，水体溶解氧浓度逐渐升高，且湖口区湖泛中其浓度在第 36 h 恢复至 9.0 mg/L，预示着湖泛的消退；但是在这一过程中，水体的正磷酸盐浓度却明显升高（图 3-1（i）），这可能与水华蓝藻腐烂、分解有较大关系（Li et al., 2011）。Skoog 和 Arias-Esquivel（2009）发现添加了海水和沉积物的围隔实验在缺氧环境中的铁离子浓度显著升高而锰离子浓度却降低，与此一致，本章的研究在黑水团后期（第 36 h）水体颗粒态铁和溶解性锰的浓度高于黑水团发生时（第 0 h）（图 5-3（a）和图 5-3（d）），而颗粒态锰的浓度变化情况因采样点的不同而异：围隔黑水团中第 36 h 颗粒态锰的浓度降低第 0 h，而湖区黑水团中颗粒态锰的浓度变化与此相反（图 5-3（b））。

5.4.2　太湖藻源性湖泛发生过程中水体细菌群落结构组成

本章研究所发现的在太湖藻源性湖泛发生过程中的优势菌群也出现在海洋厌氧区中（Castro-González et al., 2005; Stevens and Ulloa, 2008; Zaikova et al., 2010）。SAR11 是一群可以使二甲基硫丙酸去甲基化进而生成二甲基硫醚和其他硫化物的细菌（Moran et al., 2003; Howard et al., 2006），其经常在海洋厌氧区中被发现（Suzuki et al., 2004; DeLong et al., 2006; Stevens and Ulloa, 2008）。在本章研究的淡水湖泊厌氧区（湖泛）中也发现了与淡水 SAR11（LD12）亲缘关系较近的细菌，且其相对含量较高（图 5-6 和图 5-8，表 5-2 和表 5-3），据此我们推测，湖泛发生时水体释放的硫醚类物质（Yang et al., 2008）可能是含硫的物质在厌氧条件下的分解产物。其次，本章的研究发现厚壁菌门的梭菌属（*Clostridium*）细菌在湖泛刚发生时（第 0h 和第 12h）为优势种群之一，随着水体溶解氧浓度的升高，其相对含量在湖泛后期（第 24h 和第 36h）却显著降低（图 5-2（a）和图 5-8，表 5-3）。梭菌是一群兼性厌氧菌，可以分解多种有机物（Lynd et al., 2002; Murashima et al., 2002; Ren et al., 2006; Seedorf et al., 2008）。最近的室内实验表明梭菌属的新种群参与了水华微囊藻的厌氧分解（Xing et al., 2011），本章研究的野外监测结果证实了这一结论。再次，在湖口区和围隔黑水团中均为优势 T-RF（65/66 bp）与硝化螺旋菌门（Nitrospirae）的脱硫弧菌——*Desulfovibrio vulgaris* Hildenborough（序列相似性为 94%）亲缘关系最近（表 5-2 和表 5-3，图 5-6 和图 5-8）。*Desulfovibrio* 为 SRB（sulfate-reducing bacteria）中的一支专性厌氧微生物，参与分解多种含碳化合物，在各种厌氧水体中均有所报道（Cypionka, 2000; Nakagawa et al., 2004; Neretin et al., 2007; Scholten et al., 2005; Foti et al., 2007; Leloup et al., 2007; Liu et al., 2009)。已有的研究表明虽然 *D. vulgaris* 适合在厌氧的环境生长(Johnson et al., 1997),但其具有一定抗氧能力(Dolla et al., 2006)。Lobo 等(2007)甚至发现,尽管 *D. desulfuricans* ATCC 27774 的最适合生长环境为厌氧条件,但其可以在近似于空气中氧浓度的环境中存活。这是由于这些厌氧细菌可以合成多种诸如过氧化物还原酶(superoxide reductase, Sor)和超氧化物歧化酶(superoxide dismutase, Sod)等氧解毒蛋白(Coulter and Kurtz, 2001; Lumppio, et al., 1997, 2001; Zhou et al., 2010)。这可能是本章研究中 *Desulfovibrio* 相对含量在湖泛发生的前期、后期均较高的原因。SRB 在海洋厌氧环境的硫循环和碳循环中发挥着关键作用:Deuser(1971)首次指出黑海厌氧水体中近一半的总颗粒碳被 SRB 所氧化而返回到水体中;Volkov 等(1998)发现黑海厌氧环境中绝大部分(95%)的总无机碳来源于 SRB 的脱硫反应。SRB 在湖泊硫循环和碳循环中的重要性或许没海洋中那么高,但其依然不可忽视,尤其是在富营养化和咸水湖泊中(Holmer and Storkholm, 2001; Scholten et al., 2005; Foti et al., 2007; Leloup et al., 2007)。所以,SRB 在太湖湖泛中的作用可以作为一个比较重要的研究方向。

此外,β-变形菌纲(Betaproteobacteria)的丛毛单胞菌科(Comamonadaceae)细菌在湖泛发生过程中的相对含量也较高(图 5-6 和图 5-8,表 5-2 和表 5-3)。先前研究表明,某些最初在城市污水沟和潟湖中发现的丛毛单胞菌科细菌(如 BrG1, BrG2)可以在厌氧环境中氧化分解黑色硫铁化合物和芳香族化合物(Willems et al., 1990; Straub et al., 1996; Schulze et al., 1999; Schloe et al., 2000; Song et al., 2000; Reinhold-Hurek and Hurek, 2006; Sun et al., 2009)。该细菌种群在湖泛中的作用有待进一步研究。

5.4.3 太湖藻源性湖泛发生过程中水体细菌群落结构的空间异质性

除以上 4 种优势种群外,本章研究的 T-RFLP 和 LIBSHUFF 分析结果均表明附着、浮游细菌的群落结构组成不仅随着湖泛的发展发生了改变,而且因采样点的不同而异(图 5-6 和图 5-8,表 5-4 和表 5-5),这与海洋厌氧区的研究结果一致(Madrid et al., 2001; Fuchs et al., 2005; Lin et al., 2006, 2008; Stevens and Ulloa, 2008; Labrenz et al., 2007; Gooday et al., 2009; Zaikova et al., 2010)。

5.5 小　　结

在藻源性湖泛发生过程中,浮游和附着细菌的群落结构均发生了变化,且不同采样点间细菌群落结构也存在差异；首次发现浅水湖泊发生湖泛时，*Desulfovibrio*、*Clostridium* 和 *Comamonadaceae* 在厌氧环境中相对含量较高，而 LD12（淡水 SAR11）在有氧环境中相对含量较高，它们与微囊藻生物质的分解吸收以及水体嗅味物质的释放具有潜在的关系。

参 考 文 献

胡鸿钧, 李尧英, 魏印心, 等. 1980. 中国淡水藻类. 上海: 上海科学技术出版社: 1-525.

金相灿, 屠清瑛. 1990. 湖泊富营养化调查规范. 北京: 中国环境科学出版社.

刘国锋, 何俊, 范成新, 等. 2010. 藻源性黑水团环境效应: 对水-沉积物界面处 Fe、Mn、S 循环影响. 环境科学, (31): 2652-2660.

陆桂华, 马倩. 2009. 太湖水域“湖泛”及其成因研究. 水科学进展, (5): 438-442.

盛东, 徐兆安, 高怡. 2010. 太湖湖区“黑水团”成因及危害分析. 水资源保护, (26): 41-44.

邢鹏, 孔繁翔, 曹焕生, 等. 2007. 太湖浮游细菌与春末浮游藻类群落结构演替的相关分析. 生态学报, (27): 1696-1702.

杨桂山, 马荣华, 张路, 等. 2010. 中国湖泊现状及面临的重大问题与保护策略. 湖泊科学, (22): 799-810.

张强. 2010. 附着藻类对浅水富营养化湖泊氮、磷循环的影响. 南京: 中国科学院南京地理与湖泊研究所: 38-39.

Abell G C J, Bowman J P. 2005. Colonization and community dynamics of class *Flavobacteria* on diatom detritus in experimental mesocosms based on Southern Ocean seawater. FEMS Microbiol. Ecol., 53(3): 379-391.

Alldredge A L, Passow U, Logan B E. 1993. The abundance and significance of a class of large, transparent organic particles in the ocean. Deep Sea Res., (40): 1131-1140.

Allers E, Niesner C, Wild C, et al. 2008. Microbes enriched in seawater after addition of coral mucus. Appl. Environ. Microbiol., (74): 3274-3278.

Allgaier M, Brückner S, Jaspers E, et al. 2007. Intra- and inter-lake variability of free-living and particle-associated *Actinobacteria* communities. Appl. Environ. Microbiol., (9): 2728-2741.

Allgaier M, Grossart H P. 2006a. Diversity and seasonal dynamics of *Actinobacteria* populations in four lakes in northeastern Germany. Appl. Environ. Microbiol., 72(5): 3489-3497.

Allgaier M, Grossart H P. 2006b. Seasonal dynamics and phylogenetic diversity of free-living and particle-associated bacterial communities in four lakes in northeastern Germany. Aquat. Microb. Ecol., (45): 115-128.

Amann R, Ludwig W, Schleifer K H. 1995. Phylogenetic identification and in situ detection of individual microbial cells without cultivation. Microbiol. Rev., (59): 143-169.

Anthony C Y, Timothy F S, Hans W P. 2007. Disturbance and recovery of microbial community structure and function following Hurricane Frances. Environ. Microbiol., (9): 576-583.

Ashelford K E, Chuzhanova N A, Fry J C, et al. 2006. New screening software shows that most recent large 16S rRNA gene clone libraries contain chimeras. Appl. Environ. Microbiol., (72): 5734-5741.

Azam F, Fenchel T, Field J G, et al. 1983. The ecological role of water-column microbes in the sea.

Mar. Ecol. Prog. Ser., (10): 257-263.

Azam F, Smith D C, Carlucci A F. 1992. Bacterial transformation and transport of organic matter in the southern California Bight. Prog. Oceanogr., 30(1-4): 151-166.

Bonecker C C, Aoyagui A S M. 2005. Relationships between rotifers, phytoplankton and bacterioplankton in the Corumbá reservoir, Goiás State, Brazil. Hydrobiologia, (546): 415-421.

Briones A, Raskin L. 2003. Diversity and dynamics of microbial communities in engineered environments and their implications for process stability. Curr. Opin. Biotechnol., (14): 270-276.

Buck U, Grossart H P, Amann R, et al. 2009. Substrate incorporation patterns of bacterioplankton populations in stratified and mixed waters of a humic lake. Environ. Microbiol., (11): 1854-1865.

Cao H S, Kong F X, Tan J K, et al. 2005. Recruitment of total phytoplankton, chlorophytes and cyanobacteria from lake sediments recorded by photosynthetic pigments in a large, shallow lake (Lake Taihu, China). International Review of Hydrobiology, (90): 347-357.

Carvalho F R S, Vazoller R F, Foronda A S, et al. 2007. Phylogenetic study of *Legionella* species in pristine and polluted aquatic samples from a Tropical Atlantic Forest ecosystem. Curr. Microbiol., 55(4): 288-293.

Castro-González M, Braker G, Farías L, et al. 2005. Communities of nirS-type denitrifiers in the water column of the oxygen minimum zone in the eastern South Pacific. Environ. Microbiol., (7): 1298-1306.

Castro-González M, Farías L. 2004. N_2O cycling at the core of the oxygen minimum zone off northern Chile. Mar. Ecol. Prog. Ser., (280): 1-11.

Chen M, Chen F, Xing P, et al. 2010. Microbial eukaryotic community in response to *Microcystis* spp. Bloom, as assessed by an enclosure experiment in Lake Taihu, China. FEMS Microbiol. Ecol., (74): 19-31.

Cole J J, Findlay S, Pace M L. 1988. Bacterial production in fresh and saltwater ecosystems: a cross-system overview. Mar. Ecol. Prog. Ser., (43): 1-10.

Cole J J, Likens G E, Strayer D L. 1982. Photosynthetically produced dissolved organic carbon: an important carbon source for planktonic bacteria. Limnol. Oceanogr., 27(6): 1080-1090.

Cole J R, Chai B, Farris R J, et al. 2003. The Ribosomal Database Project (RDP-Ⅱ): previewing a new autoaligner that allows regular updates and the new prokaryotic taxonomy. Nucleic Acids. Res., (31): 442-443.

Cole J R, Chai B, Farris R J, et al. 2005. The Ribosomal Database Project (RDP-Ⅱ): sequences and tools for high-throughput rRNA analysis. Nucleic Acids. Res., (33): 294-296.

Comte J, Jacquet S, Viboud S, et al. 2006. Microbial community structure and dynamics in the largest natural French lake (Lake Bourget). Microb. Ecol., (52): 72-89.

Cotner J B, Biddanda B A. 2002. Small players, large role: microbial influence on biogeochemical processes in pelagic aquatic ecosystems. Ecosystems, (5): 105-121.

Cottrell M T, Kirchman D L. 2000. Natural assemblages of marine proteobacteria and members of the *Cytophaga-Flavobacter* cluster consuming low- and high-molecular-weight dissolved organic matter. Appl. Environ. Microbiol., 66(4): 1692-1697.

Coulter E D, Kurtz D M. 2001. A role for rubredoxin in oxidative stress protection in *Desulfovibrio vulgaris*: catalytic electron transfer to rubrerythrin and two-iron superoxide reductase. Arch. Biochem. Biophys., 394(1): 76-86.

Cypionka H. 2000. Oxygen respiration by Desulfovibrio species. Annu. Rev. Microbiol., (54): 827-848.

Davison W, Woof C, Rigg E. 1982. The dynamics of iron and manganese in a seasonally anoxic lake: direct measurement of fluxes using sediment traps. Limnol. Oceanogr., (27): 987-1003.

de Figueiredo D. R, Reboleira A S S P, Antunes S C, et al. 2006. The effect of environmental parameters and cyanobacterial blooms on phytoplankton dynamics of a Portuguese temperate lake. Hydrobiol., 568(1): 145-157.

DeLong E F, Preston C M, Mincer T, et al. 2006. Community genomics among stratified microbial assemblages in the ocean's interior. Science, (311): 496-503.

Deuser W G. 1971. Organic-carbon budget of the Black Sea. Deep Sea Res., (18): 995-1004.

Diaz R J, Rosenberg R. 1995. Marine benthic hypoxia: a review of its ecological effects and the behavioural responses of benthic macrofauna. Oceanography and Marine Biology, (33): 245-303.

Diaz R J, Rosenberg R. 2008. Spreading dead zones and consequences for marine ecosystems. Science, (321): 926-929.

Dolla A, Fournier M, Dermoun Z. 2006. Oxygen defense in sulfate-reducing bacteria. J. Biotechnology, (126): 87-100.

Dorigo U, Berard A, Rimet F, et al. 2010. In situ assessment of periphyton recovery in a river contaminated by pesticides. Aquatic Toxicology, (98): 396-406.

Egert M, Friedrich M W. 2003. Formation of pseudo-terminal restriction fragments, a PCR-related bias affecting terminal restriction fragment length polymorphism analysis of microbial community structure. Appl. Environ. Microbiol., (69): 2555-2562.

Eiler A, Bertilsson S. 2004. Composition of freshwater bacterial communities associated with cyanobacterial blooms in four Swedish lakes. Environ. Microbiol., (6): 1228-1243.

Eiler A, Bertilsson S. 2007. *Flavobacteria* blooms in four eutrophic lakes: linking population dynamics of freshwater bacterioplankton to resource availability. Appl. Environ. Microbiol., 73(11): 3511-3518.

Eiler A, Langenheder S, Bertilsson S, et al. 2003. Heterotrophic bacterial growth efficiency and community structure at different natural organic carbon concentrations. Appl. Environ. Microbiol., 69(7): 3701-3709.

Elifantz H, Malmstrom R R, Cottrell M T, et al. 2005. Assimilation of polysaccharides and glucose by major bacterial groups in the Delaware Estuary. Appl. Environ. Microbiol., 71(12): 7799-7805.

Fan H, Su C, Wang Y, et al. 2008. Sedimentary arsenite-oxidizing and arsenate-reducing bacteria associated with high arsenic groundwater from Shanyin, Northwestern China. J. Appl. Microbiol., 105(2): 529-539.

Fandino L B, Riemann L, Steward G F, et al. 2001. Variations in bacterial community structure during a dinoflagellate bloom analyzed by DGGE and 16S rDNA sequencing. Aquat. Microb. Ecol., (23): 119-130.

Ferdous Z. 2009. Survival of *Vibrio cholerae* O139 in association with *Anabaena variabilis* in four different microcosoms. Am. J. Appl. Sci., 6(3): 439-444.

Fernάndez A, Huang S Y, Seston S, et al. 1999. How stable is stable? Function versus community composition. Appl. Environ. Microbiol., (65): 3697-3704.

Ferreira F M, Franco Soler J M, Fidalgo M L, et al. 2001. PSP toxins from *Aphanizomenon flos-aquae* (cyanobacteria) collected in the Crestuma-Lever reservoir (Douro river, northern Portugal). Toxicon, (39): 757-761.

Fields B S, Benson R F, Besser R E. 2002. *Legionella* and Legionnaires' disease: 25 years of investigation. Clin. Microbiol. Rev., (15): 506-526.

Fliermans C B, Cherry W B, Orrison L H, et al. 1981. Ecological distribution of *Legionella pneumophila*. Appl. Environ. Microbiol., 41(1): 9-16.

Foti M, Sorokin D Y, Lomans B P, et al. 2007. Diversity, activity, and abundance of sulfate-reducing bacteria in saline and hypersaline soda lakes. Appl. Environ. Microbiol., (73): 2093-2100.

Freitag T E, Klenke T, Krumbein W E, et al. 2003. Effect of anoxia and high sulphide concentrations on heterotrophic microbial communities in reduced surface sediments (Black Spots) in sandy intertidal flats of the German Wadden Sea. FEMS Microbiol. Ecol., (44): 291-301.

Fuchs B M, Woebken D, Zubkov M V, et al. 2005. Molecular identification of picoplankton populations in contrasting waters of the Arabian Sea. Aquat. Microb. Ecol., (39): 145-157.

Fuhrman J A. 1999. Marine viruses and their biogeochemical and ecological effects. Nature, (399): 541-548.

Fuhrman J A, Schwalbach M. 2003. Viral influence on aquatic bacterial communities. Blol. Bull., (204): 192-195.

Glöckner F O, Fuchs B M, Amann R. 1999. Bacterioplankton compositions of lakes and oceans: a first comparison based on fluorescence in situ hybridization. Appl. Environ. Microbiol., (65): 3721-3726.

Glöckner F O, Zaichikov E, Belkova N, et al. 2000. Comparative 16S rRNA Analysis of Lake Bacterioplankton Reveals Globally Distributed Phylogenetic Clusters Including an Abundant Group of Actinobacteria. Appl. Environ. Microbiol., 66(11): 5053-5065.

Good I J. 1953. The population frequencies of species and the estimation of population parameters. Biometrika, (40): 237-264.

Gooday A, Jorissen F, Levin L A, et al. 2009. Historical records of coastal eutrophication-induced hypoxia. Biogeosciences, (6): 1707-1745.

Goodfellow M, Williams S T. 1983. Ecology of actinomycetes. Annu. Rev. Microbiol., (37): 189-216.

Greenberg A E, Clesceri L S, Eaton A D. 1992. Standard Methods for the Examination of Water and Wastewater. American Public Health Association, Washington, D. C.

Grossart H P, Czub G, Simon M. 2006. Algae-bacteria interactions and their effects on aggregation and organic matter flux in the sea. Environ. Microbiol., (8): 1074-1084.

Grossart H P, Jezbera J, Horňák K, et al. 2008. Top-down and bottom-up induced shifts in bacterial abundance, production and community composition in an experimentally divided humic lake. Environ. Microbiol., (10): 635-652.

Grossart H P, Levold F, Allgaier M, et al. 2005. Marine diatom species harbour distinct bacterial communities. Environ. Microbiol., (7): 860-873.

Güde H. 1979. Grazing by protozoa as selection factor for activated sludge bacteria. Microb. Ecol., (5): 225-237.

Hahn M W, Moore E R B, Höfle M G. 1999. Bacterial filament formation, a defense mechanism against flagellate grazing, is growth rate controlled in bacteria of different phyla. Appl. Environ. Microbiol., (65): 25-35.

Hahn M W, Pöckl M. 2005. Ecotypes of planktonic Actinobacteria with identical 16S rRNA genes adapted to thermal niches in temperate, subtropical, and tropical freshwater habitats. Appl. Environ. Microbiol., 71(2): 766-773.

Harder T, Lau S C K, Dobretsov S. 2003. A distinctive epibiotic bacterial community on the soft coral *Dendronephthya* sp. and antibacterial activity of coral tissue extracts suggest a chemical mechanism against bacterial epibiosis. FEMS Microb. Ecol., (43): 337-347.

Haukka K, Kolmonen E, Hyder R, et al. 2006. Effect of nutrient loading on bacterioplankton community composition in lake mesocosms. Microb. Ecol., (51): 137-146.

Helly J J, Levin L A. 2004. Global distribution of naturally occurring marine hypoxia on continental margins. Deep Sea Res I, (51): 1159-1168.

Hill T C J, Walsh K A, Harris J A, et al. 2003. Using ecological diversity measures with bacterial communities. FEMS Microbiology Ecology, 43(1): 1-11.

Hiorns W D, Methé B A, Nierzwicki-Bauer S A, et al. 1997. Bacterial diversity in Adirondack Mountain Lakes as revealed by 16S rRNA Gene Sequences. Appl. Environ. Microbiol., 63(7): 2957-2960.

Holmer M, Storkholm P. 2001. Sulphate reduction and sulphur cycling in lake sediments: a review. Freshw. Biol., (46): 431-451.

Holmes C, Colman S, Zimmermann A. 2000. Climatic variability in the eastern United States over the past millennium from Chesapeake Bay sediments. Geology, (28): 3-6.

Holmfeldt K, Dziallas C, Titelman J, et al. 2009. Diversity and abundance of freshwater Actinobacteria along environmental gradients in the brackish northern Baltic Sea. Environ. Microbiol., 11(8): 2042-2054.

Howard E C, Henriksen J R, Buchan A, et al. 2006. Bacterial taxa that limit sulfur flux from the ocean. Science, (314): 649-652.

Hugenholtz P, Goebel B M, Pace N R. 1998. Impact of culture-independent studies on the emerging phylogenetic view of bacterial diversity. Journal of Bacteriology, 180(18): 4765-4774.

Huisman J, Thi N N P, Karl D M, et al. 2006. Reduced mixing generates oscillations and chaos in the oceanic deep chlorophyll maximum. Nature, (439): 322-325.

Hutalle-Schmelzer K M L, Grossart H P. 2009. Changes in the bacterioplankton community of oligotrophic Lake Stechlin (northeastern Germany) after humic matter addition. Aquat. Microb.

Ecol., (55): 155-167.

Hutalle-Schmelzer K M L, Zwirnmann E, Krüger A, et al. 2010. Enrichment and cultivation of pelagic bacteria from a humic lake using phenol and humic matter additions. FEMS Microbiol. Ecol., (72): 58-73.

Jezberová J, Jezbera J, Brandt U, et al. 2010. Ubiquity of *Polynucleobacter necessarius* subsp. *asymbioticus* in lentic freshwater habitats of a heterogenous 2000 km^2 area. Environ. Microbiol., 12(3): 658-669.

Johnson M S, Zhulin I B, Gapuzan M E R, et al. 1997. Oxygen-dependent growth of the obligate anaerobe *Desulfovibrio vulgaris* Hildenborough. J. Bacteriol., 179 (17): 5598-5601.

Johnston D W, Cross T. 1976a. Actinomycetes in lake muds: dormant spores or metabolically active mycelium. Freshwater Biol., (6): 465-470.

Johnston D W, Cross T. 1976b. The occurrence and distribution of actinomycetes in lakes of the English Lake District. Freshwater Biol., (6): 457-463.

Jürgens K, Arndt H, Rothhaupt K O. 1994. Zooplankton-mediated changes of bacterial community structure. Microb. Ecol., (27): 27-42.

Jürgens K, Stolpe G. 1995. Seasonal dynamics of crustacean zooplankton, heterotrophic nanoflagellates and bacteria in a shallow, eutrophic lake. Freshw. Biol., (33): 27-38.

Khan A W. 1980. Cellulolytic enzyme system of Acetivibrio cellulolyticus, a newly isolated anaerobe. Microbiol., (121): 499-502.

Kolehmainen R E, Langwaldt J H, Puhakka J A. 2007. Natural organic matter (NOM) removal and structural changes in the bacterial community during artificial groundwater recharge with humic lake water. Water Res., 41(12): 2715-2725.

Kolmonen E, Sivonen K, Rapala J, et al. 2004. Diversity of cyanobacteria and heterotrophic bacteria in cyanobacterial blooms in Lake Joutikas, Finland. Aquat. Microb. Ecol., (36): 201-211.

Kritzberg E S, Langenheder S, Lindström E S. 2006. Influence of dissolved organic matter source on lake bacterioplankton structure and function-implications for seasonal dynamics of community composition. FEMS Microbiol. Ecol., (56): 406-417.

Labrenz M, Jost G, Jürgens K. 2007. Distribution of abundant prokaryotic organisms in the water column of the central Baltic Sea with an oxic-anoxic interface. Aquat. Microb. Ecol., (46): 177-190.

Lane D J. 1991. 16S/23S rRNA Sequencing//Stackebrandt E, Goodfellow M. (Eds), Nucleic Acid Techniques in Bacterial Systematics. Chichester: John Wiley and Sons Ltd: 115-175.

Langenheder S, Jürgens K. 2001. Regulation of bacterial biomass and community structure by metazoan and protozoan predation. Limnol Oceanogr, (46): 121-134.

Larsen A, Flaten G A F, Sandaa R A, et al. 2004. Spring phytoplankton bloom dynamics in Norwegian coastal waters: microbial community succession and diversity. Limnol Oceanogr, (49): 180-190.

Lehman E M. 2007. Seasonal occurrence and toxicity of *Microcystis* in impoundments of the Huron River, Michigan, USA. Water Res., 41(4): 795-802.

Leloup J, Loy A, Knab N J, et al. 2007. Diversity and abundance of sulfate-reducing microorganisms in the sulfate and methane zones of a marine sediment, Black Sea. Environ. Microbiol., (9): 131-142.

Leoni E, De Luca G, Legnani P P, et al. 2005. Legionella waterline colonization: Detection of *Legionella* species in domestic, hotel and hospital hot water systems. J. Appl. Microbiol., (98): 373-379.

Li H, Xing P, Chen M, et al. 2011. Short-term bacterial community composition dynamics in response to accumulation and breakdown of *Microcystis* blooms. Water Res., 45(4): 1702-1710.

Lin X J, Scranton M I, Chistoserdov A Y, et al. 2008. Spatiotemporal dynamics of bacterial populations in the anoxic Cariaco Basin. Limnol Oceanogr, (53): 37-51.

Lin X J, Scranton M I, Varela R, et al. 2007. Compositional responses of bacterial communities to redox gradients and grazing in the anoxic Cariaco Basin. Aquat. Microb. Ecol., (47): 57-72.

Lin X, Wakeham S G, Putnam I F, et al. 2006. Comparison of vertical distributions of prokaryotic assemblages in the anoxic Cariaco Basin and Black Sea by use of fluorescence in situ hybridization. Appl. Environ. Microbiol., 72(4): 2679-2690.

Lindström E S. 2000. Bacterioplankton community composition in Five Lakes differing in trophic status and humic content. Microb. Ecol., 40(2): 104-113.

Lindström E S, Forslund M, Algesten G, et al. 2006. External control of baeterial community structure in lakes. Limnol Oceanogr, (51): 339-342.

Lindström E S, Kamst-Van M P, Agterveld, et al. 2005. Distribution of typical freshwater bacterial groups is associated with pH, temperature, and lake water retention time. Appl. Environ. Microbiol., (71): 8201-8206.

Liu W T, Marsh T L, Cheng H, et al. 1997. Characterization of microbial diversity by determining terminal restriction fragment length polymorphisms of genes encoding 16S rRNA. Appl. Environ. Microbiol., (63): 4516-4522.

Liu Y Q, Yao T D, Zhu L P, et al. 2009. Bacterial diversity of freshwater alpine Lake Puma Yumco on the Tibetan Plateau. Geomicrobiol. J., (26): 131-145.

Lobo S A L, Melo A M P, Carita J N, et al. 2007. The anaerobe *Desulfovibrio desulfuricans* ATCC 27774 grows at nearly atmospheric oxygen levels. FEBS Lett., 581(3): 433-436.

Loy A, Maixner F, Wagner M, et al. 2007. ProbeBase- an online resource for rRNA-targeted oligonucleotide Probes: new features 2007. Nucleic Acids. Res., (35): 800-804.

Lu Y H, Conrad R. 2005. In situ stable isotope probing of methanogenic archaea in the rice rhizosphere. Science, (309): 1088-1090.

Lu Y H, Rosencrantz D, Liesack W, et al. 2006. Structure and activity of bacterial community inhabiting rice roots and the rhizosphere. Environ. Microbiol., (8): 1351-1360.

Lumppio H L, Shenvi N V, Garg R P, et al. 1997. A rubrerythrin operon and nigerythrin gene in *Desulfovibrio vulgaris* (Hildenborough). J. Bacteriol, 179(14): 4607-4615.

Lumppio H L, Shenvi N V, Summers A O, et al. 2001. Rubrerythrin and rubredoxin oxidoreductase in *Desulfovibrio vulgaris*: a novel oxidative stress protection system. J. Bacteriol., 183(1): 101-108.

Lymer D, Logue J B, Brussaard C P D, et al. 2008. Temporal variation in freshwater viral and bacterial community composition. Freshwater Bio., (53): 1163-1175.

Lynd L R, Weimer P J, van Zyl W H, et al. 2002. Microbial cellulose utilization: fundamentals and biotechnology. Microbiol. Mol. Biol. Rev., (66): 739.

Madrid V M, Taylor G T, Scranton M I, et al. 2001. Phylogenetic diversity of bacterial and archaeal communities in the anoxic zone of the Cariaco Basin. Appl. Environ. Microbiol., (67): 1663-1674.

Manefield M, Whiteley A S, Ostle N, et al. 2002. Technical considerations for RNA-based stable isotope probing: an approach to associating microbial diversity with microbial community function. Rapid Commun. Mass. Spectrom., (16): 2179-2183.

Maruyama T, Kato K, Yokoyama A, et al. 2003. Dynamics of microcystin-degrading bacteria in mucilage of *Microcystis*. Microb. Ecol., 46(2): 279-288.

Masango M, Myburgh J, Botha C, et al. 2008. A comparison of *in vivo* and *in vitro* assays to assess the toxicity of algal blooms. Water Res., 42(13): 3241-3248.

Maurice P A, Leff L G. 2002. Hydrogeochemical controls on the organic matter and bacterial ecology of a small freshwater wetland in the New Jersey Pine Barrens. Water Res., (36): 2561-2570.

Molina V, Farías L, Eissler Y, et al. 2005. Ammonium cycling under a strong oxygen gradient associated with the Oxygen Minimum Zone off northern Chile (~23°S). Mar. Ecol. Prog. Ser., (288): 35-43.

Moran M A, González J M, Kiene R P. 2003. Linking a bacterial taxon to sulfur cycling in the sea: studies of the marine roseobacter group. Geomicrobiol. J., (20): 375-388.

Morris S A, Radajewski S, Willison T W, et al. 2002. Identification of the functionally active methanotroph population in a peat soil microcosm by stable-isotope probing. Appl. Environ. Microbiol., (68): 1446-1453.

Mozelaar R, Stal L J. 1994. Fermentation in the unicellular cyanobacterium *Micorcystis* PCC7806. Arch. Microbiol., 162(1-2): 63-69.

Murashima K, Kosugi A, Doi R H. 2002. Determination of subunit composition of *Clostridium cellulovorans* cellulosomes that degrade plant cell walls. Appl. Environ. Microbiol., 68(4): 1610-1615.

Muylaert K, van der Gucht K, Vloemans N, et al. 2002. Relationship between bacterial community composition and bottom-up versus top-down variables in four eutrophic shallow lakes. Appl. Environ. Microbiol., (68): 4740-4750.

Muyzer G, de Waal E C, Uitterlinden A G. 1993. Profiling of complex microbial populations by denaturing gradient gel electrophoresis analysis of polymerase chain reaction-amplified genes coding for 16S rRNA. Appl. Environ. Microbiol., 59(3): 695-700.

Muyzer G, Smalla K. 1998. Application of denaturing gradient gel electrophoresis (DGGE) and temperature gradient gel electrophoresis (TGGE) in microbial ecology. Antonie van Leeuwenhoek, 73(1): 127-141.

Myers R M, Fischer S G, Lerman L S, et al. 1985. Nearly all single base substitutions in DNA fragments joined to a GC-clamp can be detected by denaturing gradient gel electrophoresis. Nucleic Acids. Res., (13): 3131-3145.

Naeem S, Li S B. 1997. Biodiversity enhances ecosystem reliability. Nature, (390): 507-509.

Nakagawa T, Ishibashi J, Maruyama A, et al. 2004. Analysis of dissimilatory sulfite reductase and 16S rRNA gene fragments from deep-sea hydrothermal sites of the Suiyo Seamount, Izu-Bonin Arc, Western Pacific. Appl. Environ. Microb., (70): 393-403.

Neretin L N, Abed R M M, Schippers A, et al. 2007. Inorganic carbon fixation by sulfate-reducing bacteria in the Black Sea water column. Environ. Microbiol., (9): 3019-3024.

Newton R J, Jones S E, Helmus M R, et al. 2007. Phylogenetic ecology of the freshwater *Actinobacteria* acI lineage. Appl. Environ. Microbiol., (73): 7169-7176.

Newton R J, Kent A D, Triplett E W, et al. 2006. Microbial community dynamics in a humic lake: differential persistence of common freshwater phylotypes. Environ. Microbiol., (8): 956-970.

Nüsslein K, Tiedje J M. 1998. Characterization of the dominant and rare members of a young Hawaiian soil bacterial community with small-subunit ribosomal DNA amplified from DNA fractionated on the basis of its guanine and cytosine composition. Appl. Environ. Microbiol., (64): 1283-1289.

OECD. 1982. Eutrophication of Waters: Monitoring, Assessment and Control. Final Report, OECD Cooperative Program on Monitoring of Inland Waters (Eutrophication Control), Environment Directorate, OECD, Paris: 154.

Ortiz-Roque C M, Hazen T C. 1987. Abundance and distribution of *Legionellaceae* in Puerto Rican waters. Appl. Environ. Microbiol., 53(9): 2231-2236.

Paerl H W. 1988. Nuisance phytoplankton blooms in coastal, estuarine, and inland waters. Limnol. Oceanogr., (33): 823-843.

Paerl H W. 2009. Controlling eutrophication along the freshwater-marine continuum: dual nutrient (N and P) reductions are essential. Estuaries Coasts, (32): 593-601.

Paerl H W, Dyble J, Moisander P H, et al. 2003. Microbial indicators of aquatic ecosystem change: current applications to eutrophication studies. FEMS Microbiol. Ecol., (46): 233-246.

Paerl H W, Fulton R S, Moisander P H, et al. 2001. Harmful freshwater algal blooms, with an emphasis on cyanobacteria. The Scientific World, (1): 76-113.

Patel G B, Khan A W, Agnew B J, et al. 1980. Isolation and characterization of an anaerobic cellulolytic microorganism, *Acetivibrio cellulolyticus*, gen. nov., sp. nov. Int. J. Syst. Bacteriol., (30): 179-185.

Paulmier A, Ruiz-Pino D. 2009. Oxygen minimum zones (OMZs) in the modern ocean. Prog. Oceanogr., (80): 113-128.

Pernthaler J. 2005. Predation on prokaryotes in the water column and its ecological implications. Nat. Rev. Microbiol., (3): 537-546.

Pernthaler J, Posch T, Šimek K, et al. 2001. Predator-specific enrichment of actinobacteria from a cosmopolitan freshwater clade in mixed continuous culture. Appl. Environ. Microbiol., (67): 2145-2155.

Pernthaler J, Zöllner E, Warnecke F, et al. 2004. Bloom of filamentous bacteria in a mesotrophic lake: identity and potential controlling mechanism. Appl. Environ. Microbiol., (70): 6272-6281.

Pinhassi J, Berman T. 2003. Differential growth response of colony-forming α-and γ-Proteobacteria in dilution culture and nutrient addition experiments from Lake Kinneret (Israel), the eastern Mediterranean Sea, and the Gulf of Eilat. Appl. Environ. Microbiol., 69(1): 199-211.

Pinhassi J, Sala M M, Havskum H, et al. 2004. Changes in bacterioplankton composition under different phytoplankton regimens. Appl. Environ. Microbiol., (70): 6753-6766.

Porter K G, Feig Y S. 1980. The use of DAPI for identifying and counting aquatic microflora. Limnol. Oceanogr., (25): 943-948.

Qin B, Xu P, Wu Q L, et al. 2007. Environmental issues of Lake Taihu, China. Hydrobiol., (581): 3-14.

Radajewski S, Ineson P, Parekh N R, et al. 2000. Stable-Isotope probing as a tool in microbial ecology. Nature, (403): 646-649.

Reinhold-Hurek B, Hurek T. 2006. The genera *Azoarcus*, *Azovibrio*, *Azospira* and *Azonexus*. Prokaryotes, (5): 873-891.

Ren N, Xing D, Rittmann B E, et al. 2007. Microbial community structure of ethanol type fermentation in bio-hydrogen production. Environ. Microbiol., (9): 1112-1125.

Riemann L, Steward G F, Azam F. 2000. Dynamics of bacterial community composition and activity during a mesocosm diatom bloom. Appl. Environ. Microbiol., (66): 578-587.

Rink B, Seeberger S, Martens T, et al. 2007. Effects of phytoplankton bloom in a coastal ecosystem on the composition of bacterial communities. Aquat. Microb. Ecol., (48): 47-60.

Saddler J N, Khan A W. 1981. Cellulolytic enzyme system of *Acetivibrio cellulolyticus*. Can. J. Microbiol., 27(3): 288-294.

Sala M M, Balagué V, Pedrós-Alió C, et al. 2005. Phylogenetic and functional diversity of bacterioplankton during *Alexandrium* spp. Blooms. FEMS Microbiol. Ecol., (54): 257-267.

Salcher M M, Pernthaler J, Posch T. 2010. Spatiotemporal distribution and activity patterns of bacteria from three phylogenetic groups in an oligomesotrophic lake. Limnol Oceanogr, (55): 846-856.

Sanders R W, Wickham S A. 1993. P1anktonic protozoa and metazoa: predation, food quality and population control. Mar. Microb. FoodWebs., (7): 197-224.

Schäfer H, Abbas B, Witte H, et al. 2002. Genetic diversity of ‘satellite’ bacteria present in cultures of marine diatoms. FEMS Microbiol. Ecol., (42): 25-35.

Schäfer H, Bernard L, Courties C, et al. 2001. Microbial community dynamics in Mediterranean nutrient-enriched seawater mesocosms: changes in the genetic diversity of bacterial populations. FEMS Microbiol. Ecol., 34(3): 243-253.

Schauer M, Hahn M W. 2005. Diversity and phylogenetic affiliations of morphologically conspicuous large filamentous bacteria occurring in the pelagic zones of a broad spectrum of freshwater habitats. Appl. Environ. Microbiol., (71): 1931-1940.

Schauer M, Kamenik C, Hahn M W. 2005. Ecological differentiation within a cosmopolitan group of planktonic freshwater bacteria (SOL cluster, *Saprospiraceae*, *Bacteroidetes*). Appl. Environ. Microbiol., 71(10): 5900-5907.

Schloe K, Gillis M, Hoste B, et al. 2000. Polyphasic characterization of poly-3-hydroxybutyrate-co-3-hydroxyvalerate (p(HB-co-HV)) metabolizing and denitrifying *Acidovorax* sp. strains. Syst.

Appl. Microbiol., 23(3): 364-372.

Schloss P D, Westcott S L, Ryabin T, et al. 2009. Introducing mothur: open-source, platform-independent, community-supported software for describing and comparing microbial communities. Appl. Environ. Microbiol., (75): 7537-7541.

Scholten J C, Joye S B, Hollibaugh J T, et al. 2005. Molecular analysis of the sulfate reducing and archaeal community in a meromictic soda lake (Mono Lake, California) by targeting 16S rRNA, mcrA, apsA, and dsrAB genes. Microb. Ecol., (50): 29-39.

Schulze R, Spring S, Amann R, et al. 1999. Genotypic diversity of *Acidovorax* strains isolated from activated sludge and description of *Acidovorax defluvii* sp. nov. Syst. Appl. Microbiol., 22(2): 205-214.

Schütte U M E, Abdo Z, Bent S J, et al. 2008. Advances in the use of terminal restriction fragment length polymorphism (T-RFLP) analysis of 16S rRNA genes to characterize microbial communities. Appl. Microbiol. Biotechnol., (80): 365-380.

Schwarz J I K, Eckert W, Conrad R. 2008. Response of the methanogenic microbial community of a profundal lake sediment (Lake Kinneret, Israel) to algal deposition. Limnol Oceanogr, (53): 113-121.

Seedorf H, Fricke W F, Veith B, et al. 2008. The genome of *Clostridium kluyveri*, a strict anaerobe with unique metabolic features. Proc. Natl. Acad. Sci. USA, (105): 2128-2133.

Shade A, Jones S E, McMahon K D. 2008. The influence of habitat heterogeneity on freshwater bacterial community composition and dynamics. Environ. Microbiol., (10): 1057-1067.

Shannon C E, Weaver W. 1949. The Mathematical Theory of Communication. Urbana, IL: University of Illinois Press: 117.

Šimek K, Armengol J, Comerma M, et al. 2001a. Changes in the epilimnetic bacterial community composition, production, and protist-induced mortality along the longitudinal axis of a highly eutrophic reservoir. Microb. Ecol., (42): 359-371.

Šimek K, Hornák K, Jezbera J, et al. 2005. Influence of top-down and bottom-up manipulations on the R-BT065 subcluster of beta-proteobacteria, an abundant group in bacterioplankton of a freshwater reservoir. Appl. Environ. Microbiol., (71): 2381-2390.

Šimek K, Pernthaler J, Weinbauer M G, et al. 2001b. Changes in bacterial community composition and dynamics and viral mortality rates associated with enhanced flagellate grazing in a mesoeutrophic reservoir. Appl. Environ. Microbiol., (67): 2723-2733.

Skoog A C, Arias-Esquivel V A. 2009. The effect of induced anoxia and reoxygenation on benthic fluxes of organic carbon, phosphate, iron, and manganese. Science of The Total Environment, (407): 6085-6092.

Song B, Palleroni N J, Häggblom M M. 2000. Isolation and characterization of diverse halobenzoate-degrading denitrifying bacteria from soils and sediments. Appl. Environ. Microbiol., (66): 3446-3453.

Spring S, Schulze R, Overmann J, et al. 2000. Identification and characterization of ecologically significant prokaryotes in the sediment of freshwater lakes: molecular and cultivation studies. FEMS Microbiol. Rev., (24): 573-590.

Stach J E M, Bathe S, Clapp J P, et al. 200l. PCR-SSCP comparison of 16S rDNA sequence diversity in soil DNA obtained using different isolation and purification methods. FEMS Microbiol. Ecol., (36): 139-151.

Stepanauskas R, Moran M A, Bergamaschi B A, et al. 2003. Covariance of bacterioplankton composition and environmental variables in a temperate delta system. Aquat. Microb. Ecol., (31): 85-98.

Stevens H, Ulloa O. 2008. Bacterial diversity in the oxygen minimum zone of the eastern tropical South Pacific. Environ. Microbiol., (10): 1244-1259.

Straub K L, Benz M, Schink B, et al. 1996. Anaerobic, nitrate-dependent microbial oxidation of ferrous iron. Appl. Environ. Microbiol., 62(4): 1458-1460.

Sun W, Sierra-Alvarez R, Fernandez N, et al. 2009. Molecular characterization and in situ quantication of anoxic arsenite-oxidizing denitrifying enrichment cultures. FEMS Microbiol. Ecol., (68): 72-85.

Suzuki M T, Preston C M, Béjà O, et al. 2004. Phylogenetic screening of ribosomal RNA gene-containing clones in Bacterial Artificial Chromosome (BAC) libraries from different depths in Monterey Bay. Microb. Ecol., (48): 473-488.

Taipale S, Jones R I, Tiirola M. 2009. Vertical diversity of bacteria in an oxygen-stratified humic lake, evaluated using DNA and phospholipid analyses. Aquat. Microb. Ecol., (55): 1-16.

Tamura K, Dudley J T, Nei M, et al. 2007. MEGA4: Molecular Evolutionary Genetics Analysis (MEGA) Software Version 4. 0. Mol. Biol. Evol., (24): 1596-1599.

ter Braak C J F, Šmilauer P. 2002. CANOCO reference manual and CanoDraw for Windows user's guide: Software for Canonical Community Ordination (version 4. 5). Microcomputer Power, Ithaca, NY, USA.

Thingstad T E, Lignell R. 1997. Theoretical models for the control of bacterial growth rate, abundance, diversity and carbon demand. Aquat. Microb. Ecol., (13): 19-27.

Tison D L, Pope D H, Cherry W B, et al. 1980. Growth of *Legionella pneumophila* in association with blue-green algae (cyanobacteria). Appl. Environ. Microbiol., 39(2): 456-459.

Toolan T, Wehr J D, Findlay S. 1991. Inorganic phosphorus stimulation of bacterioplankton production in a meso-eutrophic lake. Appl. Environ. Microbiol., (57): 2074-2078.

Venter J C, Remington K, Heidelberg J F, et al. 2004. Environmental genome shotgun sequencing of the Sargasso Sea. Science, (304): 66-74.

Ventura M, Canchaya C, Tauch A, et al. 2007. Genomics of *Actinobacteria*: tracing the evolutionary history of an ancient phylum. Microbiol. Mol. Biol. Rev., 71(3): 495-548.

Vetriani C, Tran H V, Kerkhof L J. 2003. Fingerprinting microbial assemblages from the oxic/anoxic chemocline of the Black Sea. Appl. Environ. Microbiol., (69): 6481-6488.

Volkov I I, Dyrssen D, Rozanov A G. 1998. Water Alkalinity and anaerobic mineralization of organic matter in the Black Sea. Geochemistry International, 36(1): 69-78.

Wakeham S G, Amann R, Freeman K H, et al. 2007. Microbial ecology of the stratified water column of the Black Sea as revealed by a comprehensive biomarker study. Org. Geochem., (38): 2070-2097.

Wang Q, Garrity G M, Tiedje J M, et al. 2007. Naïve Bayesian classifier for rapid assignment of rRNA sequences into the new bacterial taxonomy. Appl. Environ. Microbiol., 73(16): 5261-5267.

Ward A C, Bora N. 2006. Diversity and biogeography of marine Actinobacteria. Curr. Opin. Microbiol., 9(3): 279-286.

Warnecke F, Sommaruga R, Sekar R, et al. 2005. Abundance, identity, and growth state of Actinobacteria in mountain lakes of different UV transparency. Appl. Environ. Microbiol., 71(9): 5551-5559.

Wever A D, Muylaert K, Gucht K V, et al. 2005. Bacterial community composition in lake tanganyika: vertical and horizontal heterogeneity. Appl. Environ. Microbiol., (71): 5029-5037.

White S H, Duivenvoorden L J, Fabbro L D. 2005. Impacts of a toxic *Microcystis* bloom on the macroinvertebrate fauna of Lake Elphinstone, Central Queensland, Australia. Hydrobiol., 548(1): 117-126.

Wilkinson H W, Thacker W L, Benson R F, et al. 1987. *Legionella birminghamensis* sp. nov. isolated from a cardiac transplant recipient. J. Clin. Microbiol., 25(11): 2120-2122.

Willems A, Falsen E, Pot B, et al. 1990. *Acidovorax*, a new genus for *Pseudomonas facilis, Pseudomonas delafieldii*, E. Falsen (EF) group 13, EF group 16, and several clinical isolates, with the species *Acidovorax facilis* comb. nov., *Acidovorax delafieldii* comb. nov., and *Acidovorax temperans* sp. nov. Int. J. Syst. Evol. Microbiol., (40): 384-398.

Wohl D L, Arora S, Gladstone J R. 2004. Functional redundancy supports biodiversity and ecosystem function in a closed and constant environment. Ecology, (85): 1534-1540.

Worm J, Søndergaard M. 1998. Dynamics of heterotrophic bacteria attached to *Microcystis* spp. (Cyanobacteria). Aquat. Microb. Ecol., (14): 19-28.

Wu Q L, Boenigk J, Hahn M W. 2004. Successful predation of filamentous baeteria by a nanoflagellate challenges current models of flagellate bacterivory. Appl. Environ. Microbiol., 70(1): 332-339.

Wu Q L, Chen Y, Xu K, et al. 2007a. Intra-habitat heterogeneity of microbial food web structure under the regime of eutrophication and sediment resuspension in the large subtropical shallow Lake Taihu, China. Hydrobiologia, (581): 241-254.

Wu Q L, Zwart G, Schauer M, et al. 2006. Bacterioplankton community composition along a salinity gradient of sixteen high-mountain lakes located on the Tibetan plateau, China. Appl. Environ. Microbiol, (72): 5478-5485.

Wu Q L, Zwart G, Wu J F, et al. 2007b. Submersed macrophytes play a key role in structuring bacterioplankton community composition in the large, shallow, subtropical Taihu Lake, China. Environ. Microbiol., (9): 2765-2774.

Xing P, Guo L, Tian W, et al. 2011. Novel *Clostridium* populations involved in the anaerobic degradation of *Microcystis* blooms. The ISME Journal, (5): 792-800.

Xing P, Kong F. 2007. Intra-habitat heterogeneity of environmental factors regulating bacterioplankton community composition in Lake Taihu, China. Aquat. Microb. Ecol., (48): 113-122.

Yager P L, Connelly T L, Mortazavi B, et al. 2001. Dynamic bacterial and viral response to an algal bloom at subzero temperatures. Limnol. Oceanogr, (46): 790-801.

Yagi J M, Neuhauser E F, Ripp J A, et al. 2010. Subsurface ecosystem resilience: long-term attenuation of subsurface contaminants supports a dynamic microbial community. The ISME Journal, (4): 131-143.

Yamamoto Y, Kouchiwa T, Hodoki Y, et al. 1998. Distribution and identification of actinomycetes lysing cyanobacteria in a eutrophic lake. J. Appl. Phycol., (10): 391-397.

Yamamoto Y, Niizuma S, Kuroda N, et al. 1993. Occurrence of heterotrophic bacteria causing lysis of cyanobacteria in a eutrophic lake. Jpn. J. Phycol., (41): 215-220.

Yang M, Yu J, Li Z, et al. 2008. Taihu Lake not to blame for Wuxi's woes. Science, (319): 158.

Yannarell A C, Steppe T F, Paerl H W, et al. 2007. Disturbance and recovery of microbial community structure and function following Hurricane Frances. Environ. Microbiol., 9(3): 576-583.

Yannarell A C, Triplett E W. 2004. Within-and between-lake variability in the composition of bacterioplankton communities: investigations using multiple spatial scales. Appl. Environ. Microbiol., (70): 214-223.

Yannarell A C, Triplett E W. 2005. Geographic and environmental sources of variation in lake bacterial community composition. Appl. Environ. Microbiol., (71): 227-239.

Zaikova E, Walsh D A, Stilwell C P, et al. 2010. Microbial community dynamics in a seasonally anoxic fjord: Saanich Inlet, British Columbia. Environ. Microbiol., (12): 172-191.

Zeder M, Peter S, Shabarova T, et al. 2009. A small population of planktonic *Flavobacteria* with disproportionally high growth during the spring phytoplankton bloom in a prealpine lake. Environ. Microbiol., (11): 2676-2686.

Zhang X, Warming T P, Hu H, et al. 2009. Life history responses of *Daphnia magna* feeding on toxic *Microcystis aeruginosa* alone and mixed with a mixotrophic *Poterioochromonas* species. Water Res., 43(20): 5053-5062.

Zhou A, He Z, Redding-Johanson A M, et al. 2010. Hydrogen peroxide-induced oxidative stress responses in *Desulfovibrio vulgaris* Hildenborough. Environ. Microbiol., (12): 2645-2657.

Zwart G, Crump B C, Agterveld M P K, et al. 2002. Typical freshwater bacteria: an analysis of available 16S rRNA gene sequences from plankton of lakes and rivers. Aquat. Microb. Ecol., (28): 141-155.